创饰技
串回Vintage的时光

JEWELRY MAKING HANDBOOK

VINTAGE JEWELRY AND

HANDMADE TECHNIQUES

谢白 编著

XIE BAI

清华大学出版社
北京

图书在版编目（CIP）数据

创饰技：串回 Vintage 的时光 / 谢白编著 . —北京：清华大学出版社，2022.7
ISBN 978-7-302-53365-8

Ⅰ . ①创… Ⅱ . ①谢… Ⅲ . ①首饰－设计 Ⅳ . ① TS934.3

中国版本图书馆 CIP 数据核字 (2019) 第 168458 号

责任编辑： 宋丹青　王佳爽
封面设计： 谢　白　白金生
插图设计： 谢　白
版式设计： 方加青
责任校对： 王荣静
责任印制： 杨　艳

出版发行： 清华大学出版社
　　　　　网　　　址：http://www.tup.com.cn，http://www.wqbook.com
　　　　　地　　　址：北京清华大学学研大厦 A 座　　　　　邮　　编：100084
　　　　　社 总 机：010-83470000　　　　　邮　　购：010-62786544
　　　　　投稿与读者服务：010-62776969，c-service@tup.tsinghua.edu.cn
　　　　　质 量 反 馈：010-62772015，zhiliang@tup.tsinghua.edu.cn
印 装 者： 小森印刷（北京）有限公司
经　　销： 全国新华书店
开　　本： 185mm×260mm　　　　**印　张：** 12.75　　　　**字　数：** 223 千字
版　　次： 2022 年 8 月第 1 版　　　　**印　次：** 2022 年 8 月第 1 次印刷
定　　价： 69.80 元

产品编号：074960-01

寄　　语

　　近年来"首饰艺术与设计"备受国人的关注与青睐，面对该领域格局多元、良莠混杂的势态，研究者、创造者对首饰的思考应当越发明晰。俗话说"根深才能叶茂"，无论时代如何变迁，设计师、艺术家做事的态度方法是否贴近事物本质，始终是决定事物品质高下的不二法门。良好的思辨力与精准的表现力，更是我们能够建立不同特质并与他人得以顺畅交流的通道。

滕菲

中央美术学院教授、博士生导师

中央美术学院首饰专业学术主任

自　序

当代语境下的"创饰技"与"工匠精神"

从古至今，一枚小小的首饰中往往镌刻着人类文明、民族审美，以及思想意识的变迁。从原始时期图腾崇拜的兽牙海贝，到商周时期遵"礼"制度的玉饰，唐朝团花盛放的卷草纹金饰，至宋代雅致温和的鲜花头饰，以及明清时期金银累丝的非凡工艺……首饰从造型、材质及佩戴方式无不体现出各个朝代经济文化的发展风貌。首饰"以小见大"的艺术形式也寄托了佩戴者对其功能性的需求，既可以单纯地装饰外貌，也可以蕴含宗教崇拜或是成为财富与权力的象征。

当代社会文化具有平等、多元、包容、创新的特点，在这些特点影响下，首饰艺术的创作类型更加丰富，除了传统的商业用途，许多艺术家也将首饰作为媒介，融入个人的观点、情绪、思想、文化等，传达自己的艺术理念，突出首饰的观念性和实验性特征。材料运用方面，当代首饰创作不仅局限于传统的贵金属及宝玉石，很多廉价材料、有机材料以及仿制品、现成品、创新科技材质乃至 AI 虚拟设定都可成为首饰设计的灵感源泉。材料应服务于作品，能够恰当呈现创作理念的材料才是最佳选择。同样，大众对首饰的需求和理解也更加个性化、私人化。现今，传统商业类首饰已不能完全满足人们需求，其他类型的首饰逐渐进入大众视野，如定制类首饰、实验艺术首饰、交互首饰、虚拟首饰等。所以，当代首饰的发展，不论从款式、材质、佩戴方式及功能性等方面，都有较大突破而且更加包容。

2016 年夏，当我接到清华大学出版社约稿的时候，脑海中顷刻闪现出"创饰技"三个字，最终也成为这套首饰艺术与教育丛书的总称。"创"代表了创造、创作、创新，"饰"代表了首饰、装饰、修饰，"技"代表了技术、技艺、技巧，"以创造的情怀学习首饰的文化与技术，以创作的灵动展现首饰的哲思与技艺，以创新的思想探索首饰的技巧与未来，以'工匠精神'敬业、精益、专注、创新等思想为本，心手合一感受首饰艺术的魅力"。

"创饰技"系列丛书将毫无保留地为大家呈现我自 2009 年至今 13 年来积累下的关于首饰文化、历史、制作工艺等多方面的研究精华，希望更多的读者能够关注首饰、了解首饰、创作首饰。

丛书共四本，分别为《创饰技　串回 Vintage 的时光》《创饰技　金属首饰的制作奥秘》《创饰技　首饰翻模与塑型之道》《创饰技　创新首饰与综合材料》，内容涵盖了首饰的概念、历史、设计、材料、工艺、技术等多方面的知识与案例，层层递进地为大众全面展现了首饰的文化历史、基础知识、工艺技法、人文思想等。

其中《创饰技　串回 Vintage 的时光》是一本讲述 Vintage 古董首饰历史以及复古风格首饰设计制作的书籍。第一章，通过对 Vintage 艺术文化介绍、古董首饰赏析，将读者引入典雅怀旧的美丽时光；第二章，详细介绍复古风格首饰设计制作所需的材料、工具以及使用方法；第三章，通过丰富有趣的复古首饰制作案例，将首饰的审美定位、设计思路、工艺步骤进行详细讲授和示范，读者可依据示范技法进行操作实践；第四章，展示多种复古意境风格的首饰作品，开拓设计思路；第五章，讲述 Vintage 饰物的收藏指南、首饰保养事项等。

第二本书为《创饰技　金属首饰的制作奥秘》，是一本关于金属首饰设计与工艺制作的科普类手工艺术教程。第一章，讲述首饰家族常用金属的物理、化学性质；第二章，带领读者认识金属首饰制作所需的各种工具；第三章，详细讲解金属制作基础工艺并进行操作示范；第四章，通过趣味首饰制作案例，为大家示范多种金属表面工艺处理技法；第五章，对金属工艺制作的安全健康操作事项进行讲述。

第三本书为《创饰技　首饰翻模与塑型之道》，是一本关于首饰起版、模具制作、浇铸成型、3D 建模等工艺的制作类教程。第一章，详细讲解首饰常用的成型浇铸工艺，并分类进行铸造流程示范；第二章，对首饰蜡模塑型工艺进行全面解析，并介绍各类首饰用蜡的特性，同时对传统蜡雕、蜡水成型、软蜡塑型、3D 成型等工艺进行制作示范；第三章，介绍首饰模具制作工艺，选取橡胶、硅胶模具制作工艺进行操作示范。

最后一本书为《创饰技　创新首饰与综合材料》，是关于当代首饰艺术认知、赏析以及运用综合材料进行首饰制作的书籍。第一章，讲述首饰从古至今概念的演变，综合材料在当代首饰艺术中的运用方式、艺术风格，以及中国当代首饰艺术作品赏析；第二章，详细介绍综合材料首饰制作运用的工具、材料等；第三章，选取硅胶、树脂、软陶、木材等综合材料进行首饰设计制作的工艺示范。

以上是"创饰技"每本书的精华介绍，丛书图文并茂，读者通过阅读可了解首饰文化的历史发展以及概念与类别等基础知识，欣赏 Vintage 古董首饰的魅力，掌握金属工艺首饰的制作流程以及塑型、翻模等工艺的基础技法，探索更多非传统的综合材料，学习综合材料首饰的制作方法，增强手工技巧，提高对首饰艺术的审美认知，更加深刻地理解首饰艺术与设计的思想内核，最终创作出属于自己风格的首饰。自己创造的首饰，可以无关品牌效应、摒弃材料价值、隐匿财富地位，蕴含更多自我的情感寄托和思想观念。同时，个人手工制作独一无二的表现力，也会增强作品的专属感，或许是最佳的艺术呈现手法。

在中国传统文化中，工匠是对手工艺人的称呼，工匠们通常从小学徒，以其毕生精力献身于各自的工艺领域，为中华文明留下灿烂的篇章。工匠们按照技艺分为"九佬十八匠"，其中十八匠按其顺次有口诀为"金银铜铁锡，岩木雕瓦漆，箓伞染解皮，剃头弹花晶"，排在前五位的便是制作各类金属的工匠，其中金匠、银匠指的就是制作金银器皿、首饰及其他制品的手艺人。

　　技术工艺的发展体现着人类的文明状态，反映了当时的科技水平。首饰的演变与科技的发展同样有着密不可分的关系，是当时科学技术、生活方式、文化艺术、精神诉求相结合的典范。在古代，科技的进步推动了矿石开采、冶金锻造、硬物切割、铸造翻模、宝石镶嵌等工艺的发展，首饰制作逐渐得到更多的技术支持。科技发展同时也推动了社会文明的进步，人们对物品的需求从单纯的实用性能逐渐叠加了装饰性、情感寄托功能等。在新石器时代，人类采用当时先进的打磨、雕刻工艺制作用于固定头发的石笄、骨笄等，以现在的审美来看，大部分发笄仅具备实用性能；到了唐、宋、明、清等时期，随着科技的发展与文明的进步，人们对于首饰的需求更加复杂化，在满足实用性能的同时，还需要制作工艺精致、装饰效果美丽。在精神诉求方面，首饰逐渐承载了礼仪、身份、财富、美好祝福等人文礼思，如宋朝宫廷有"簪花""谢花""赐花"等礼仪，材质名贵的首饰也是古人身份、地位、财富的象征，"长命锁"类的首饰承载着父母对孩子健康成长的美好祝福等，反映了当时社会人们的生活需求与情感状态。

　　随着工业革命的进程，现代工艺从手工艺发展到机械技术工艺，人工智能、计算机、新能源、材料学、医学等在近几十年内得到迅猛发展，如今智能技术工艺时代已然开启。科技的全面革新颠覆了人类固有的生活状态，新的改变伴随着新的需求，人们的审美情趣、精神诉求、生活方式必然会发生巨大的变化。在这样的时代背景下，未来大众对物品的选择也会趋向智能化。科技的大幅度前进同样会影响首饰发展的动向，未来首饰在形态、性能、佩戴方式与观念表达等多方面都会因此发生革命性的改变，如外观形态将会更贴近佩戴者的需求，佩戴方式与范围更加多样多变，人文关怀与精神诉求也会更为精细化与私人化。运用科学技术帮助人类解决问题，开展智能首饰的研究，也是首饰学科、行业发展的趋向。然而，不管是对传统技艺的传承推广还是对未来科技的探索发展，势必需要教师、学生以及广大从业者们励精图治，以精益求精的状态、持之以恒的信念、勇于创新的精神，怀揣"大国工匠"的广阔心境为首饰学科、行业的发展积极奉献力量。

"创饰技"系列丛书从约稿至今，已经历了 6 个春夏秋冬，从大纲的提炼到文字框架的搭建，从国内艺术家到国外设计师的层层对接，从制作流程的逐一拍摄到案例图片的精挑细修，从内页排版到封面、插图绘制，从初稿校对到终稿完成，每一个环节都秉承着修己以敬、精益求精、坚韧执着、突破创新的"工匠精神"完成。由于对书籍的高标准要求，本人投入了大量的时间与精力，6 年来几乎将所有的私人时间、寒暑假都用于书籍的撰写，长时间的操劳也导致本人患上腰疾，无法长久坐立，丛书约有一半内容是趴在床上完成的。同时，深深感谢为本套丛书编辑出版提供帮助的各位师长、艺术家、手工艺人们以及编辑出版团队的老师们，希望以匠心铸就的"创饰技"丛书能够使首饰专业的学生系统扎实地掌握首饰技法与知识，提高首饰爱好者的审美情趣与动手能力，使专业人士迸发新的灵感，向大众开启一扇通往首饰艺术世界的大门，成为具有专业品牌效应的优秀首饰艺术教育丛书。

谢白

2022 年 4 月于北京

目　　录

第 3 章 复古风格首饰的制作技巧 / 67

第 1 章

带你回到旧时光

1.1   古董·Vintage·复古风格

1.1.1   古董、Vintage 与复古风格的概念

当我们翻开时尚类杂志，常常可以见到复古风格的服饰，与每季新潮流行元素产品相比，复古风格作品的生命力和持久度更强，深受大家的喜爱。那么，什么是"复古"？从大的范围来讲，过去的元素在当下运用，都能够归为"复古"的范畴。在此，我们又会引出另外两个概念，"Antique"和"Vintage"，前者多偏向译为"古董"，后者则理解为"老式"，并且含有"二手"的意思。从这里我们可以理解为，"Antique"所在的时代要早于"Vintage"。

■ [意] 桑德罗·波提切利（Sandro Botticelli，1445—1510），年轻女子肖像，木板蛋彩画，1482年；画中女子佩戴着优雅的文艺复兴风格珠宝

■ [德] 汉斯·米利希（Hans Mielich，1516—1573），《巴伐利亚公爵夫人安娜的宝石书》
（Kleinodienbuch der Herzogin Anna von Bayern），1552—1555

■ 让 - 巴提斯特·勒尼奥（Beron Jeen-
Baptiste Regnault，1754—1829），
约瑟芬皇后画像，约 1809

■ 弗朗索瓦 - 勒尼奥·尼铎（Franois-Régnaalt Nitot，1779—
1853），约瑟芬皇后麦穗冠冕，约 1810

　　在当今复古潮流中，与奢侈品牌饰品相比，Vintage 饰物毫不逊色，它们保留了岁月的痕迹，具有更浓郁的时代感。Vintage 饰物和复古风格饰物的概念有很大区别，我们通常对 Vintage 的定义是过去所生产、遗留下来的各种饰品，常见的出品年代在 1920—1980 年，甚至更为久远。而复古风格饰物则是当代设计师或品牌吸收了 Antique 或 Vintage 的设计风格所

创作的新品。但其实在大范围概念中，Vintage 和 Antique 是相互交融的，如同历史文化发展的相互影响，时间、空间艺术流行元素的穿插，许多 Vintage 饰物中也蕴含着古代艺术的影子。Vintage 引发的复古风潮也是人们对于古典文化及旧时光美好憧憬的体现，人们凭借在博物馆、书籍、影像资料及各种媒介平台上看到的"旧时光"印象，和个人对 Vintage 的理解，幻化出属于自己的复古风格，所以复古风格也并非是一种程式化的概念，它在复古的大思路框架下，又衍生了更多个性化的表达。

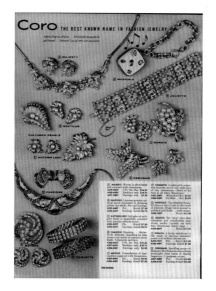

Vintage 珠宝品牌广告

由于 Vintage 一词源于西方，通常与其相对应的复古风格为西方复古，我们常看到的复古风格作品大多参考的是约 19 世纪 40 年代到 20 世纪 80 年代的艺术设计作品。在近两百年的时光中，我们可将 1840—1920 年的艺术设计品归为"Antique"范畴，1920—1980 年的艺术设计品归为"Vintage"范畴。在中国，近年来设计行业频频出现"新中式"一词，此概念的出现，在某种程度上也是"中式复古"风格的体现。随着中国经济文化的迅猛发展，中国人对自己的传统文化更为自信，民族自豪感逐渐增强，一系列蕴含中国古典文化艺术的设计，如汉、唐、宋、明、清等风格的服饰深受大众的喜爱。这种中式复古风格也逐渐成为一种特殊的文化符号，它们的东方怀旧韵味与国人内敛的气质更为契合。

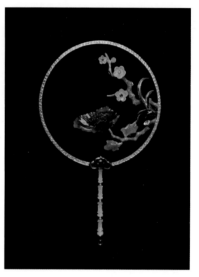

■　钱钟书，狮记古典珠宝，百宝盆景香炉，白玉、青白玉、碧玉、清代珊瑚灵芝、明代红宝石、明代蓝宝石、黄金、珐琅彩

■　钱钟书，狮记古典珠宝，团扇系列——鹰扬胸针，翡翠、白玉、珐琅彩、欧珀、黄金

1.1.2　Vintage 饰物的独特风姿

1.Vintage"少+久"

自古以来"物以稀为贵"，如果一件物品大家可以轻易拥有，它的珍贵程度便会大打折扣。同样，"距离产生美"，旧时代的物品总有它独特的韵味和吸引力。一件物品奢侈与否，常常取决于是否稀少及年代是否久远，Vintage 饰品透露着流金岁月中的点滴故事，旧时光中的美和灿烂优雅的气息萦绕其周围，同时，现存数量稀少和不可复制的独特性也增加了它们的吸引力。

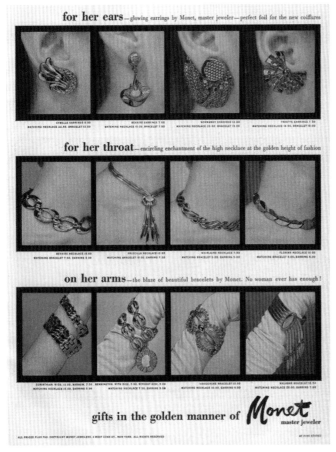

■　Monet 珠宝广告

2.Vintage"旧物＋新主"

　　由于时间久远，Vintage 饰物多为二手，一部分是原主
人使用过的，也有一部分是保留完好未经使用过的新品。所
以 Vintage 饰物也有"品相"一说，正常情况下保存完好的
Vintage 饰物售价较高，但是也有许多朋友喜欢二手物品固有的
年代感，它的磨损、划痕或者包浆，它曾经在这个世界上经历过
的时间、事件中留下来的印记更能体现出一件老物品的"灵魂"。
所以 Vintage 饰物并没有一个相对标准的价值衡量体系，每个人
的自我感受最重要，这让购买和收藏的过程也变成了一种有趣的
体验，出售者可能不再需要这件物品，但是购买者却视如珍宝，

这也是一种环保主义的置换过程，同样也赋予了 Vintage 饰物新的生命。

3.Vintage "人文风情 + 怀古思旧"

现代生活的快节奏同样带来了快餐化的产品设计，而 Vintage 饰物常常更钟情于有灵气、有故事、有独特性的设计，慢生活与旧时光的美好蕴含在优雅的老物件中，手工的精雕细琢或质朴无华，带给现代快节奏生活的人们一丝舒缓优雅的氛围。

■ Monet 珠宝广告

■ Triearl 珠宝广告

1.2 欧美古董珠宝首饰

1.2.1 19 世纪 40 年代至 60 年代的珠宝首饰

1840—1860 年是西方工业革命迅速发展的阶段，社会充满了创新精神。在美国，1837 年 Louis Comfort Tiffany 开设了第一家店，1841 年 Charles Goodyear 申请了橡胶生产流程的专利；在英国，正是工业革命和艺术发展的巅峰时代，英国经济整体呈现空前繁荣的景象，著名的维多利亚时代文艺运动也是从此时段逐渐开启。

该时期珠宝首饰的流行材料有以下几大类：

1. 黄金

人们对黄金的喜爱似乎贯穿了整个人类历史，1837 年，维多利亚女王加冕时，由于黄金稀缺，能工巧匠发明了一种新的金属制作工艺——金银线编织，将黄金拉伸为极细的丝线后进行缠绕加工，这样可以用少量的黄金制作出体积相对较大的珠宝首饰，其视觉效果和工艺与中国的传统花丝、累丝工艺相近。再后来，英国人也用铸造方式制作出仿造金银线编织效果的模具，但通过模具铸造制作出的首饰远没有手工编织出的生动。

在黄金加工中，还有一种工艺叫作中空金。该工艺是将黄金压制成薄片后再进行制作，同样可以用较少的黄金制作出相对较大的首饰作品。这种工艺理念和我们当今的 3D 硬金首饰有着异曲同工之处。

■　中空金工艺首饰

■　[意]欧内斯托·皮雷特（Ernesto Pierret），伊特鲁里亚风格手镯，黄金雕刻，1860

■　〔清〕金镶九龙戏珠手镯

■　金银线编织工艺首饰

2. 头发制品

维多利亚时代的珠宝有时候不仅仅是装饰，同时也作为人们传递思想，寄托情感的媒介。如亲人的头发、孩子脱落的乳牙等都会作为元素运用到珠宝首饰设计当中。此时期关于头发的首饰，许多是将头发编织成花样或者整理顺畅后装入精心准备的纪念项链、胸针盒中。

■　维多利亚时代的头发制品首饰

■　[英] 金质双面微型画，象牙基底的水彩画、珍珠、逝者发辫，18 世纪末—19 世纪初

3. 泥炭栎（Irish Peat Oak）

这是一种产自爱尔兰沼泽中的有机材料，栎木、松木和紫杉木等长久埋藏在沼泽中，变得又黑又坚硬。工匠们运用这种原材料雕刻出爱尔兰国花三叶草、竖琴等图案，深受大众喜爱，一度成为爱尔兰最火热的旅游纪念首饰。

■ 泥碳栎竖琴胸针　　　　　　■ 泥碳栎风景胸针

4. 古塔胶（Gutta Percha）

这是维多利亚时期非常流行的一种由马来亚树树干汁液制成的材料，它的材质重量较轻，是当时制作大件首饰时经常选择的材料。

■ 手链，古塔胶、14K 黄金，维多　　■ 古塔胶胸针，维多利亚时期
　利亚时期

1.2.2　19 世纪 60 年代至 90 年代的珠宝首饰

1861 年，美国内战打响，这场战争使女性担任的角色发生了变化，由于战争带来大量工作空缺，许多女性走出家门，进入社会。1839 年密西西比州首先通过了《已婚妇女财产法》，之后经过多年、多次立法运动高潮，已婚妇女终于开始拥有自己的财产，婚后财富不再自动归丈夫所有。该时期，电灯被发明并投入使用，柯达照相机使大家拥有了摄影的自由，自由女神像也在此时与世界见面。

　　19 世纪六七十年代的珠宝特点是体积较大，质量好，首饰多可以打开，出现了许多平面、椭圆形浮雕风格的首饰，珍珠、宝石、珐琅材质的运用也非常频繁。由于这个时期伴随着战争，也有部分纪念性首饰出现，征战的亲人奔赴前线，往往会佩戴一些纪念品型首饰在身上，寄托相思之情。

■ ［法］浮雕项链和胸针，贝壳浮雕、黄金

　　该时期珠宝首饰的流行材料有以下几大类：

1. 钻石

　　1867 年是值得珠宝界记住的年份，这年在南非发现了大量的钻石。随着南非钻石矿逐渐被开发，新产地产出的钻石大大满足了欧美国家的需求。钻石是世界上摩氏硬度最高的宝石，它以闪亮迷人著称，一直深受大家喜爱。

■ 约瑟夫·尚美（Joseph Chaumet，1852—1928），六燕齐飞，1890

2. 蛋白石

19 世纪 70 年代，人们在澳大利亚发现了大面积的蛋白石产区，我们今天经常说的欧珀、闪山云，都是蛋白石的别称。蛋白石非常美丽，有多种颜色，并且在光线的流动下可以变换美丽的色彩，深得大家喜爱，蛋白石也是维多利亚女王非常喜爱的宝石之一。

3. 金星玻璃

我们在一些古董珠宝中经常可以见到这种材质，常用作马赛克的底色。金星玻璃由砂金石制造的玻璃添加铜水晶制成，闪烁着金色光芒，深受大家喜爱。

4. 马赛克

马赛克首饰又称镶嵌画首饰，多产自于佛罗伦萨、罗马、威尼斯等地，是维多利亚时期流行的纪念品。镶嵌画是由石材、玻璃碎片等材料拼接制成的，精致美丽，非常具有收藏价值。

■ 乔治·富凯（Georges Fouquet）, Art Nouveau 风格金质蛋白石挂坠项链，珐琅、蛋白石、珍珠，约 1900

■ 马赛克首饰

■ Watherston & Son., 金质胸针，镶嵌弧面切割玛瑙，1881—1898

■ 约瑟夫·尚美（Joseph Chaumet），Hummingbird Aigrette 金质胸针，黄金、银、红宝石、钻石、羽毛，1880

1.2.3　19 世纪 90 年代至 20 世纪 20 年代的珠宝首饰

　　美国在这个时代充满了活力，因为它已经迅速发展成为世界工业的领军者。但此时的美国也存在许多不安定因素，如贫富差距较大等问题。1898 年，美国与西班牙开战，整个社会充满骚动，女性的社会参与度在此时达到一个高峰。1870 年，维多利亚·克拉弗林·伍德胡尔（Victoria Claflin Woodhull）和田纳西·克拉弗林（Tennessee Claflin）姐妹在华尔街开设了第一家由女性经营的股票经济公司 Woodhull, Claflin &，Co.，这表示女性可以通过市场投资获得更多财富。在英国，1901 年维多利亚女王逝世，维多利亚时代的束缚教条也随着女王的离去渐渐淡化。

　　新世纪的开始，对服饰、珠宝界有着非常大的影响，人们渴望看到新的变更，设计师也尽其所能地尝试更大胆的设计，增多款式，大众的欣赏包容性也逐渐增强。

■ 珐琅胸针，珐琅、钻石，1890

　　此时期新艺术运动（Art Nouveau）逐渐兴起，在大约 1880—1910 年间到达顶峰，是当时风靡整个欧洲和北美地区具有创新力的艺术思潮与实践性质的运动。这场运动产出的艺术风格影响广泛，几乎涉及所有的艺术领域，如建筑、雕塑、绘画、平面设计、首饰等。

　　法国是新艺术名词的发源地，该词来自于德国艺术商人萨姆尔·宾在巴黎的画廊"Art Nouveau"。新艺术运动倡导的一大理念就是"师从自然"，在以往的艺术运动中，首饰领域受到的影响并不多，但是新艺术运动给首饰领域带来了新的思考，使得首饰设计在当时有了质的变化和突破。新艺术风格首饰将以往的"工匠型首饰"转为"艺术家型首饰"，更注重首饰设计的艺术灵感和巧思妙想。在材质上，很多新艺术风格首饰融入了珐琅、玻璃及各种半宝石等相对廉价的材质，使更多的材料在首饰设计中得到良好运用。

　　与传统西方首饰相比，新艺术首饰的一大特点在于其设计主观艺术性的体现。在新艺术运动时期，越来越多的设计师希望自己不仅仅只是从事一门手工艺的匠人，开始在首饰设计中展现自身的创作能力和艺术理念。其实，在古代西方首饰发展中，艺术家、设计师和匠人之间的区分并不是非常明确，意大利文艺复兴时期，

　　许多著名的画家、雕刻家都同时是金工匠人或首饰匠人，但在文艺复兴时期之后，艺术家和匠人之间变得泾渭分明，艺术家不屑从事匠人的技艺工作，而工匠想要"升级"为艺术家，也有着难以突破的屏障。所以，为了消除艺术与手工两者间的隔阂，"艺术与手工艺"运动兴起，而"新艺术运动"也在这一大的背景下得到了很好的发展。

　　在新艺术运动的影响下，涌现了一批艺术家型的首饰设计师，其中最负盛名的新艺术首饰艺术家代表是来自法国的雷诺·拉里克（René Lalique，1860—1945）。拉里克 16 岁就开始了首饰工匠的学徒生涯，但是他不满足于传统的手工艺师徒教学模式，为了提高自己的艺术造诣，他来到伦敦西顿汉姆艺术学院深造，这一经历使他的艺术修养更为饱满，为今后的艺术首饰创作奠定了基础。拉里克的首饰作品充满了神话般的创意，且造型别致、蕴意深刻。1900 年在法国巴黎举行的万国博览会上，拉里克的作品一举成名，赢得了世界性的赞誉。

■　雷诺·拉里克（René Lalique），Art Nouveau 风格金质蜻蜓美人胸针，
月光石、珐琅、绿玉髓等，约 1897—1898

拉里克创作了许多含有蜻蜓元素的首饰艺术作品,其中蜻蜓美人这枚胸针是其代表作,绿色宝石雕刻的半身少女像和蜻蜓的翅膀、身体融为一体,使得蜻蜓拟人化,自然瑰丽的表现手法让整件作品充满了奇幻的神话色彩。同时,首饰工匠出身的拉里克有着精湛的金属镶嵌及铸造工艺,优秀的设计配以高超的技艺,造就了这件珍贵的珠宝艺术作品。

拉里克的首饰艺术作品众多,多以昆虫、植物、母体为主题进行创作,同时,他对日本艺术也尤为喜爱,吸取了不少日本浮世绘中的装饰性图案进行创作,其作品深受欧洲上流社会和贵族们的喜爱。直至今日,我们再看拉里克的作品,同样会被引入他的"奇幻梦镜",丰富的想象力、流畅舒展的自然线条、精湛的工艺表现力,无不展现着拉里克新艺术风格首饰的魅力。

■ 雷诺·拉里克(René Lalique),Art Nouveau 风格金质胸针,绿玉髓、珐琅、巴洛克珍珠,约 1898—1899

■ 雷诺·拉里克(René Lalique),Art Nouveau 风格金质挂坠项链,珐琅、钻石、玻璃、巴洛克珍珠,约 1899—1901

在拉里克的新艺术风格首饰取得巨大成功之后,越来越多的首饰设计师和匠人意识到了一件作品的内在艺术价值。这时候出现了一些有趣的"跨界"合作方式,1883 年,巴黎的两家珠宝行韦维尔、富凯都开始寻觅志同道合的艺术家进行首饰创作。韦维尔珠宝行聘请了当时小有名气的装饰艺术家尤金·塞缪尔·格拉塞(Eugène Samuel Grasset,1845—1917)进行首饰设计。虽然格拉塞对于首饰加工方面并不熟悉，有些设计方案会造成加工上的困难，但是其首饰设计风格新颖，将绘画中的构图手法、色调搭配运用到创作中，使得首饰作品有着绘画般的意境，因此，在当时被称为"画家型首饰"。

■　尤金·塞缪尔·格拉塞（Eugène Samuel Grasset），Art Nouveau 风格胸针

■　Art Nouveau 运动时期珠宝首饰设计图

　　乔治·富凯（Georges Fouquet，1862—1957）也是新艺术运动时期首饰领域的领军人物之一，他请到了著名的捷克籍画家、平面设计师阿尔丰斯·穆夏（Alphonse Maria Mucha，1860—1939）进行合作。富凯和穆夏合作的第一件，也是最著名的一件首饰，便是女明星莎拉·伯恩哈特（Sarah Bernhardt，1844—1923）所扮演的希腊神话中美狄亚佩戴的蛇形手镯道具。该手镯极富创意，由一条金色的眼镜蛇缠绕成手镯主体，佩戴后眼镜蛇的头部伏于手背，蛇头镶嵌色彩丰富的马赛克来体现蛇纹，整个造型栩栩如生；此件手镯还有一个细节的设计，将软链条连接的一条小蛇巧妙地设计成了指环，红宝石、绿松石、青金石等宝石被镶嵌在蛇身上，做工精美细腻。这件首饰中最特别的设计点在于整个蛇的身体由铰链连接，可以根据手部的造型任意弯曲，蛇头运用了透明珐琅工艺，非常具有新艺术首饰的用材特点。即便放在首饰设计和技术发达的现在，这件作品仍是一件难得的艺术精品。

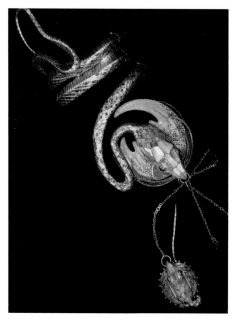

■ 阿尔丰斯·穆夏（Alphonse Mucha），制造商 Georges Fouquet，Art Nouveau 风格蛇形手镯戒指环，欧珀、红宝石、绿松石、青金石等

新艺术时期的首饰设计在一定程度上突破了单一的西方传统文化艺术模式，探索学习多元文化，并进行大胆的跨界合作实践，开拓了新的首饰设计理念和风格，在某种程度上成为了首饰设计向近代化发展途中的一盏指明灯。

19 世纪 90 年代至 20 世纪 20 年代珠宝首饰的流行材料有以下几大类：

1. 赛璐珞（Celluloid）

赛璐珞是一种用硝酸纤维和樟脑制成的人造塑料，这种材质的诞生使大众可以拥有看着比实际价格贵很多的首饰。简单来说，就是高性价比首饰材质，这种材质看起来很像玳瑁、象牙等贵重材质，但实际上价格低廉，也是快时尚首饰材料的鼻祖。

■ 赛璐珞材质的首饰及梳妆用品

2. 其他材料

翠榴石、月光石、电气石、珍珠在这一时期的设计作品中也经常出现，月光石是一种半透明的石头，散发着幽幽的光晕，似月光一般美丽温柔。电气石在中国常被称为碧玺，色彩丰富艳丽，深受大家喜爱。

3. 1890—1920 年珠宝首饰欣赏

■ GHAUMET，巴洛克珍珠冠冕，铂金、天然珍珠、钻石，约 1920—1930

■ [英] 查尔斯·里克茨（Charles de Sousy Ricketts，1866—1931），金质挂坠，1901

■ Cartier,铂金胸针,蓝宝石、钻石,
　1907

■ 保罗·伊里巴(Paul Iribe),
　Aigrette 胸针,祖母绿、蓝宝石、
　珍珠,1910

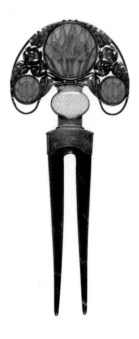

■ G. Paulding Farnham, Tiffany & Co., 文艺
　复兴风格项链,铂金、黄金、珐琅、镶嵌钻石、
　红宝石、祖母绿、猫眼石、金绿宝石、蓝宝石、
　珍珠, 1900—1904

■ 亨利·威尔逊(Henry
　Wilson),发梳,玳
　瑁、银、蛋白石、空窗
　珐琅,1900—1905

■ 雷诺·拉里克（René Lalique），Art Nouveau 风格金质胸针，蛋白石、绿
色珐琅，约 1900

■ 约瑟夫·尚美（Joseph Chaumet），雷神 Raijin 金质胸针，欧珀、玛瑙、
红宝石、祖母绿、钻石，1900

■ 雷诺·拉里克（René Lalique），Art Nouveau 风格金质手链，空窗珐琅
（plique-à-jour）工艺，20 世纪早期

■ Watherston & Son.，Art Nouveau 风格金质"斯芬克斯"胸针，黄金、白金、珐琅、
月光石，1906

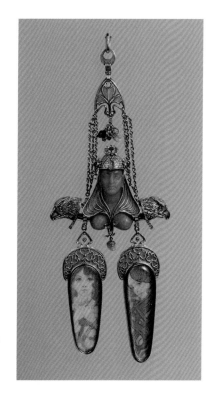

■ 阿尔丰斯·穆夏（Alphonse Mucha），
制造商 Georges Fouquet，Art Nouveau
风格金吊坠，黄金、珐琅、猫眼石、
珍珠、翡翠、欧珀等，约 1900

1.3 欧美 Vintage 珠宝首饰

20 世纪 20 年代至 80 年代诞生的设计艺术品，我们可以归为 Vintage 的范畴，在短短的 60 年中，时尚界风起云涌，珠宝首饰的造型风格、材质运用、设计思想都有了颠覆性的发展，个性化、多元化充斥着整个艺术设计行业，呈现百花齐放的状态。

1925 年，一场名为"装饰艺术博览会（The exposition des Arts Decoratifs）"的活动在法国巴黎举行。这次展会吸引了数百万参观者，展出了来自 24 个国家多种类型的设计作品，不管是陶瓷、玻璃、银器还是雕塑、首饰，都在自己的领域作出了新的突破。这次博览会促进了装饰艺术（Art Déco）运动的发展，同时也为"一战"后世界各国和平交流作出了积极的贡献。

装饰艺术风格的设计元素非常丰富，人们摆脱了战争的阴霾，一切的艺术创作和设计都围绕人们的需求进行。此时，装饰艺术也受到了工业化生产中机械美的影响，将新艺术时期柔和流畅的曲线风格转换为对称图形进行设计，风格硬朗干练。由于女性角色的转变，装饰艺术风格的首饰受到大众的青睐，这种立体几何形的首饰，中和了女性较为柔美的一面，强化了其潇洒干练的风格，使女性的面貌更加多元化、立体化。

■ Van Cleef & Arpels，铂金胸针表，蓝宝石、钻石、缟玛瑙、珐琅，1924

■ Raymond Templier，Art Déco 风格铂金胸针，钻石 珐琅，约 1929

　　装饰艺术风格在一定程度上也受到了立体主义、野兽派等艺术流派的影响。它们对于立体结构、几何透视、线条把控的表达方式被设计界、时尚界迅速学习和运用。比如 CHANEL 等品牌就推出了一系列裁剪整齐、穿着舒适的女性服装。

　　在色彩搭配方面，明亮的块状色彩装饰手法也强化了装饰艺术的概念，设计师们大胆地使用各种几何形状的宝石，如切割成金字塔、长条、立方体等形状的各色水晶、玛瑙、珊瑚、松石等，与钻石搭配排列镶嵌成首饰，有种立体的建筑仪式感，所以装饰艺术时期的珠宝也是时代风格的缩影。

■ Van Cleef & Arpels，Art Déco 风格金质梳妆匣，
珍珠母贝、珊瑚、珐琅、翡翠、钻石玻璃，1927

　　装饰艺术运动在两次世界大战之间，对我们当今所熟识的卡地亚（Cartier）、梵克雅宝（Van Cleef&Arpels）等品牌都有着非常大的影响，促进了品牌的发展，巩固了它们在珠宝领域的地位。许多珠宝品牌设计了大量以正方形、矩形、圆形等简约几何造型为主体，具有现代抽象形式的装饰艺术风格作品，在色彩上运用高饱和色的红宝石、蓝宝石、祖母绿、缟玛瑙等进行搭配，并且不断探索宝石切割的技巧，为首饰界留下不少经典的作品。

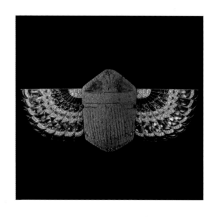

■ 乔治·富凯（Georges Fouquet），
Art Déco 风格铂金挂坠项链，缟
玛瑙、祖母绿、钻石，1925

■ Cartier，Scarab 铂金胸针，钻石、
红宝石、祖母绿、茶晶、缟玛瑙，
1925

　　此时期，珠宝切割和镶嵌等工艺有了新的突破，出现了半月形切割、三角形切割、风筝形切割等，这些宝石切割与首饰的整体设计更加贴合，使镶嵌变得更加紧密。我们所熟悉的隐秘式镶嵌也是装饰艺术时期出现的，它由巴黎工匠 Jacques-Albert Algier 于 1929 年发明，1934 年由梵克雅宝（Van Cleef & Arpels）品牌正式申请专利。隐秘式镶嵌又称不见金镶、无边镶等，它颠覆了以往传统的有脚或包边镶嵌。首先，每一颗宝石都会经过精雕细琢，宝石底面会切割出一条沟槽，业内称为"车坑"。其次，将金属镶嵌底座制作成与宝石形状、大小一一对应的小方格形，为了避开传统镶嵌的限制，该方法使用黄金或白金"细线"制作镶座，制作的时候横线要比纵线稍低，先将纵线打磨平整，再将两条纵线之间的距离打磨至小于宝石尺寸的宽度，在纵线侧面雕刻一道细小的凹槽，呈半"工"字状。最后，将已经车好坑的宝石嵌入纵线之间，利用底座纵线凹槽的上部分和宝石凹槽相卡，再用镶嵌工具敲打至宝石稳固。这样从首饰的正面看，宝石不会被金属覆盖，同时还可以连成整片图案，使首饰的设计创作更加自由。

■　隐秘式镶嵌工艺镶座

■　Van Cleef&Arpels，菊花胸针，红宝石、钻石，隐秘式镶嵌工艺，1937

　　装饰艺术风格从形成到鼎盛时期经历了近 30 年，它的风格紧跟时代变迁。其实，我们通过一件小小的首饰就可以穿越到那个时代，体会当时的人文风情和社会状态，它也许是繁花似锦的盛世，又或是冲突没落的乱世，这些珍贵的古董首饰已然成为历史前行的见证者，极大地丰富了人类的文化艺术宝库。

■ Cartier，埃及风格胸针，蓝色彩陶、青金石、钻石、珐琅、铂金、黄金，
 1923

1.3.1   20 世纪 20 年代至 30 年代的珠宝首饰

人们从禁欲的维多利亚时代解放，进入了"咆哮的 20 年代"，收音机的流行改变了大家的娱乐方式，爵士乐演出、派对、酒会都是当时流行的娱乐活动。1920 年，美国女性获得了选举权，她们将头发剪短，丢掉烦琐的衣服换上简洁干练的连衣短裙，涂上红唇，张扬着自己的青春。可好景不长，到了 20 世纪 30 年代，在刚刚经历 20 年代的繁荣后，由于股市崩盘，整个经济衰退严重。在经济动荡时期，娱乐往往是治愈人们的最佳良药，此时期好莱坞电影风靡，也造就了大批著名影星，电影中出现的服装和珠宝首饰在一定程度上引领了时尚风潮。同时艺术界的繁荣对设计也产生了很重要的影响，服饰图案受到立体派、未来派等派别的影响，出现了许多几何图案设计。珠宝首饰可以用来装饰服装，其夸张的造型及多样化的设计引人注目。

■ 电影《了不起的盖茨比》剧照，
主人公首饰由 Tiffany & Co. 珠宝品牌制作，展现了美国 20 世纪 20 年代
服饰的华丽时尚

　　在这个时期，珠宝首饰的供应商出现了新面孔，以往珠宝首饰是由专门的首饰供应商或品牌设计制作，但服装行业的迅猛发展，也从中分走了一杯羹，著名的服装设计师和品牌拥有大量的客源，他们对首饰设计流行趋势的把控有着较大优势。首先，服装品牌设计的珠宝首饰比珠宝品牌供应的首饰更适合服装的搭配；其次，它们拥有自己的品牌效应。比如，当顾客购买了 CHANEL 套装时，就可能被店中搭配的 CHANEL 首饰吸引，这样更方便促成全套服饰的搭配。

■ CHANEL
服饰广告

　　早期，珠宝首饰非常强调材质的贵重，但在此时，首饰突破了材质的禁锢，人们佩戴首饰不仅仅是为了彰显身份和财富，个人喜好所带来的快乐也变得非常重要。人工合成珠宝被多数消费者接受，并大量用于首饰制作中。"时尚"一直是 20 世纪 30 年代的代名词，设计师们在设计上大胆创新，材质运用上突破传统，对今后的艺术设计产生了重大影响。

　　该时期流行的首饰材质种类繁多，比如莱茵石、祖母绿、红宝石、琥珀、酚醛树脂等。琥珀是一种天然有机宝石，在 20 世纪 20 年代至 30 年代非常流行，医生用融化的琥珀与蜂蜜融合来治疗咽喉疾病，许多人认为佩戴琥珀也可以治疗疾病。酚醛树脂制作的首饰在该年代也非常流行，它是一种新型塑料，塑型方便，可制作多种颜色，且价格便宜，深受大众喜爱。

 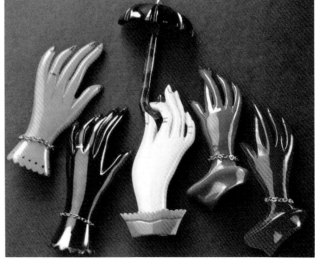

■ 酚醛树脂首饰

■ Cartier，中国风格铂金化妆盒，缟
玛瑙、翡翠、祖母绿、蓝宝石、
红珊瑚、钻石、珐琅，1927

■ Cartier，白金头冠，雕刻祖母绿、
珍珠、钻石，1923

■ Cartier，中国风格金质珠宝匣，
翡翠、蓝宝石、珊瑚、钻石、珐琅，
1930

■ Ernst Paltscho，珐琅手链，珐琅、钻石、缟玛瑙，
20 世纪 30 年代

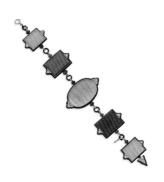

■ Art Déco 风格手链，玉髓、珐琅、钻石、祖母绿、红宝石，约 1925

■ Cartier，Hindu 项链，蓝宝石、祖母绿、红宝石、钻石，1936

■ Van Cleef & Arpels，Art Déco 风格胸针，青金石、红宝石圆珠、黄金，1930

1.3.2　20 世纪 40 年代至 50 年代的珠宝首饰

　　20 世纪 40 年代，第二次世界大战的爆发给全球带来了巨大的伤害，整个时尚界也被战争蒙上了厚厚的阴影。女性服饰也随之发生了颠覆性的变化，繁复的装饰不再流行，取而代之的是简约、中性的实用风格。到了 50 年代，女性时尚开始细化，传统的花朵图案、中性风格以及摇滚风格纷纷在时尚界占据一席之地。战争过后物资缺乏，也使得珠宝首饰出现供不应求的情况。

■ Alexander Calder（1898—1976），项链，银、麻绳，1940

■ 萨尔瓦多·达利（Salvador Dalí，1904—1989），时间之眼，1949

■ 萨尔瓦多·达利（Salvador Dalí），永恒的记忆，1950

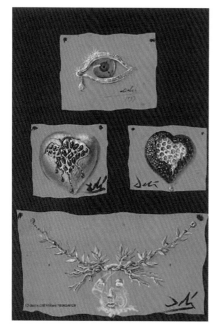

■　萨尔瓦多·达利（Salvador Dalí），珠宝手绘稿

1.3.3　20 世纪 60 年代至 80 年代的珠宝首饰

20 世纪 60 年代到 80 年代，世界格局稳定。60 年代被称为"摇摆的年代"，嬉皮士运动就发生在这个时期，女性们的生活更加自由，浓烈的彩妆、夸张的服装、张扬的首饰，给时尚界留下了浓墨重彩的一笔。60 年代末的嬉皮士运动也影响了 70 年代，70 年代是迪斯科（DISCO）横行的时候，服饰当中充满了亮片元素。80 年代是更加多元化的时代，服饰和珠宝首饰的风格越来越多，分支也越来越细，不管是传统风格、新古典主义风格、新艺术风格、装饰艺术风格，还是朋克风、哥特风、雅痞风等，都有自己的受众群体。各大奢侈品牌和时尚品牌运营得风生水起，设计越来越注重风格化、个性化，尽可能满足每一类人群的需求。同样，随着制作工艺的发展，更多的新材质也融入珠宝首饰当中。

■ CHANEL 服饰广告

■ VOGUE 杂志 1967 年 9 月刊，美国女演员 Marisa Berenson，Irving Penn 拍摄

■ 红、蓝、白亮片球手镯、戒指、耳环，1968，Bert Stern 拍摄

■ Christian Dior珠宝广告，1985

■ Hailstone Design，1968，Bill King 拍摄

■ DISCO 风格时装，20 世纪 70 年代

■ Monet 珠宝广告，20 世纪 80 年代

　　对于 Vintage 珠宝首饰的划分，我们将年代暂时止步于 20
世纪 80 年代，这个年代离我们并不遥远，许多读者也参与体会
过 20 世纪 80 年代的流行风格，我们不妨翻一翻老照片和妈妈
的珠宝盒，或许能从中感受到 Vintage 带来的温暖。

■　Bulgari，金质项链，镶嵌罗马古币，1980

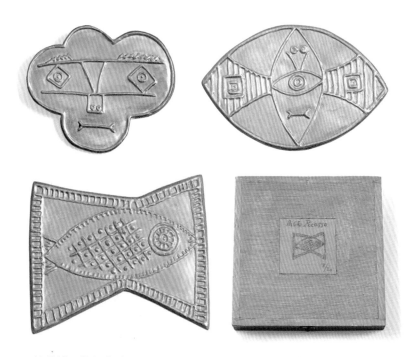

■　巴勃罗·毕加索（Pablo Picasso，1881—1973），黄金首饰，1971

第 2 章

做自己的复古风格首饰设计师

Do it yourself

人类从刀耕火种时期就开始运用世界上已存在的物品进行"DIY"（Do it yourself），多数发明都不是"从无到有"，而是通过改变分子原有的结构将其进行重新组合排列后的产物，当然，DIY 的过程有复杂有简单，取决于操作者的技术能力。在艺术设计界，DIY 的设计思潮从属于后现代主义设计体系，其概念起源于 20 世纪 60 年代的西方，DIY 的方式是对手工精神的传承，工业革命之后，大批量的机械程序化产品充斥着市场，人们开始怀念机器生产前的传统手工精神。DIY 的作品可以使大家以创造者的身份参与设计和制作，既满足自身对作品的独特追求，同时与之产生交互设计，将个人情感融入作品中。所以，DIY 以设计个性化、制作私人化，以及情感的饱满注入、思维的无拘无束等特点，深受大众喜爱。同时，DIY 主张对旧物、弃物进行改造设计，也体现了环保节能的意识。首饰类的 DIY 也是大家非常喜爱的设计制作类别，它以体量小、配件多、操作工艺易掌握等优势吸引了大批的爱好者。

■ 复古风格首饰 DIY 配件

复古风格首饰制作基础

复古风格首饰不是一味地模仿古董和 Vintage 首饰，而是通过再设计来体现一种怀旧的味道，每个人对复古风格的理解都不同，所以这也是一种相对私人化的设计。同样，真正的古董、Vintage 首饰由于年代久远、存世数量少、价格相对昂贵且购买渠道复杂，许多朋友无法轻易拥有，那么大家便可以根据古董、Vintage 首饰的风格结合自己的喜好来设计制作自己专属的 Vintage 风格首饰。我们可以用儿时的物件制作回忆中的发卡，也可以购置仿古风格的配件为自己制作一条维多利亚风格的项链，发挥想象力，构筑自己的复古梦。

2.1　配件的收集

■ 复古风格首饰 DIY 配件

3. 线材类: 常用线材有铜线、铜包金线、银线、尼龙线、棉线、弹力线等, 粗细分多种型号, 可根据珠子孔的粗细选择相应的尺寸。

■ ①14K 包金线；②透明弹力皮筋线；③钢丝线；④透明鱼线；⑤铜镀金线

4. 链材类: 基础类的链子以 O 型链、侧身链、珠链为主, 可收集多种款式的链子来搭配首饰作品。目前市场上手作类链子材质主要为银、铜、锌合金、铝、铁等, 皮肤容易过敏的人最好使用 925 银材质的链子或 14K 铜包金的链子。铝材质的链子多用于服饰搭配, 因为密度低, 所以比较轻便, 可制作得非常夸张。且许多铝材质的链子是通过阳极氧化进行镀色的, 保色度持久, 是一种性价比较高的材质。

■ 阳极氧化铝质链材

■ 铜镀金链材

■ 14K 包金链材、925 银链材

2.2.2　连接类配件

1. 马口夹：有多种尺寸，可用于固定和连接纤维材质、条带状的材料。

2. 包线扣：用于项链、手链的收口部位，需配合定位珠使用。

3. 连接片：可贴于部件背面，配合开口圈进行连接。

■　①马口夹；②包线扣；③连接片

4. 花托：用来美化珠子或部件的连接部位，可套在孔洞较大的珠子下面进行固定，使其更容易与连接针对接。

■　花托

　　5. 搭扣：款式较多，也是项链、手链连接的主要配件，美观的搭扣同时也能起到装饰作用，使用较多的为龙虾扣、弹簧扣、插片扣、OT 扣等。

■　①OT 扣；②弹簧扣；③龙虾扣；④插片扣

2.2.3　吊坠类配件

　　1. 卡扣：款式较多，常用的吊坠卡扣为瓜子扣、平安扣、U型扣等，珠子或物件两边要有相对应的孔，才能使用该类配件。

■　瓜子扣

■　平安扣

■　U 型扣

2. 吊帽：珠子或物件只需要一边有孔，结合胶粘剂将吊帽和物品孔洞对齐粘牢即可制成吊坠。

■　①单针吊帽；②吊帽；③羊眼螺丝

2.2.4　耳饰类配件

1. 耳钩：最常见的耳饰配件，佩戴舒适、安全，使用频率高。

2. 耳环：通常为圆环或异形环状，戴上后可形成封闭环状，较为贵重的耳饰常常使用可闭合的耳环，防止佩戴过程中耳环丢失。

3. 耳夹：目前使用较多的为螺丝调节类耳夹，此类耳夹可根据耳垂的不同厚度来调节松紧，佩戴起来相对舒适。

4. 耳钉：后面为针状，插入耳洞后再佩戴耳堵，简洁大方。

5. 耳线：金属细线制作而成，适合与质量较轻的配件搭配制作。

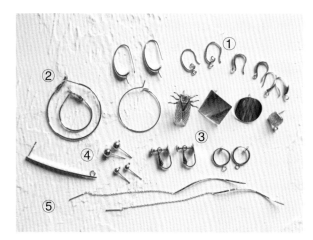

■ ①耳钩；②耳环；③耳夹；④耳钉；⑤耳线

2.2.5   指环类配件

手作类指环配件多为开口戒，通常戒指上会有宝石托、针或
平面粘片，以便进行镶嵌制作。

■   开口戒配件

2.2.6　胸针类配件

1. 保险针：带有螺旋保护装置的胸针。

■ ①保险针；②帽针；③花托针

2. 帽针：针身较长，多佩戴于帽子上。

3. 花托针：花托和胸针结合，款式较多。将设计好的物件固定在花托上，就可以完成一件胸针的制作。

■ 胸章弹簧针

4. 胸章弹簧针：多用于平面胸章类的制作。

2.2.7　珠子类

1. 隔珠：用于首饰的搭配、定位。

■　14K 包金珠、锌合金镀金珠

2. 合成材料珠：玻璃珠、琉璃珠、仿珍珠、亚克力珠、树脂珠、描金珠等。

■　玻璃米珠

■　玻璃气泡珠

■　复古描金树脂珠

■　威尼斯琉璃花珠

■　古董老琉璃珠

3. 天然材料珠：各类天然木头珠、天然宝石珠，如玛瑙、砗磲、绿松石、珊瑚、水晶、矿石、贝壳等。

■ ①天然红珊瑚；②海竹；③贝母；④珍珠；⑤水晶铜；⑥蓝铜矿；⑦猛犸象牙化石

■ 黄铜矿、黑玛瑙、猫眼石、红玛瑙、图画石、凤凰石、青金石珠等

■　陶瓷珠、绿松石、贝珠、水晶铜珠、电镀水晶片、珊瑚、火山石等

2.2.8　造型物件类

1. 西方舶来品 Vintage 配件。黄铜、青铜、紫铜类配件，部分会因为年代久远出现氧化现象，是 Vintage 配件的特色。

■　Vintage 配件

■　青铜、黄铜、紫铜类配件

■　Vintage 贴片类配件

2. 仿 Vintage 风格配件。常见的 Vintage 风格的材质有树脂、陶瓷、铜、合金、木制品等。

■　仿 Vintage 风格配件

■　合金镀金类吊坠配件

■　树脂彩绘娃娃头贴片、复古描金树脂珠

■　仿维多利亚时期贝雕风格树脂配件、手绘树脂、鲍贝树脂

■　陶瓷、树脂娃娃等配件

　　小物的收藏不是一朝一夕的事情，我们可以留意身边的市场，关注网络的售卖情况，遇到合眼缘的物件就先收藏起来，久而久之，自己的 Vintage 珍宝盒便会逐渐充实。

2.2.9　各类辅料

　　手作的辅料非常多，如毛线、毛球、布料、蕾丝花边、人造皮革等。有时间逛一下当地的服装辅料市场，可能会打开手作的新世界。

■　手作的各类辅料

2.2.10　收纳辅助类

　　1. 配件收纳盒、收纳柜：市场上的款式很多，如果经常制作手工，建议购买小型的收纳柜，这样可以明确配件的分类，提高工作效率。

2. 刻度切割垫：可在垫子上进行切割，上面印有各种尺寸和形状刻度，方便制作中随时测量。

3. 防滑布：有的珠子非常光滑，需要放在防滑布上操作，防止珠子滚落。

4. 串珠刻度盘：可将配件和珠子放在刻度盘上搭配，调整好后再进行串珠。

■ 配件收纳柜

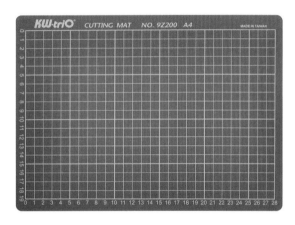

■ 刻度切割垫

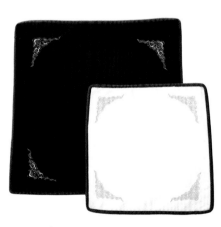

■ 防滑布

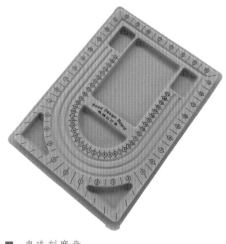

■ 串珠刻度盘

2.3　复古风格首饰制作基础工具

2.3.1　测量工具

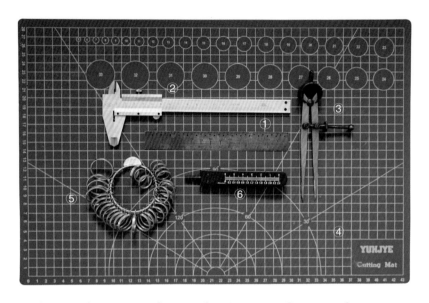

■ ①钢尺；②游标卡尺；③圆规；④刻度切割垫；⑤戒指圈；⑥针尖圆规

1. 钢尺：刻度分别有公制和英制，常规可选择 20cm 长度的钢尺，制作稍大的作品可选择 50cm 的钢尺。

2. 游标卡尺：是首饰制作中最常用的测量工具之一，它可以测量出物件的长度、宽度、厚度、外径、内径、深度等，并且精密度高，适合测量尺寸较小的首饰。

3. 圆规：两脚都是不锈钢金属针的圆规在首饰制作中用途很广，它可以先从钢尺或其他物件上测取相应尺寸，然后绘制到金属材料上；也可以对材料分段切割、做记号，绘制平行线、圆弧及圆圈等。

4. 刻度切割垫：垫上印有多种刻度，且垫子有多种尺寸规格，可根据工作台的大小进行选取。

5. 戒指圈：一般由不锈钢材质的戒圈组成，在定做戒指时可运用此工具测量出手指戒圈的尺寸，在亚洲地区多用港码来换算尺寸。

6. 针尖圆规：两脚均为极细钢针，功能与普通金属圆规相同，但操作、定位更为精细，适合在较小的部件上使用。

7. 戒指棒：用来测量已有戒圈尺寸号码的工具，通常是铝制锥形棒，上面标记着戒圈相应的尺码。

■　戒指棒

2.3.2　切割工具

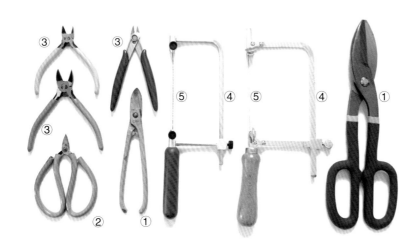

■　①手钢剪；②小钢剪；③斜口剪钳；④锯弓；⑤锯条

1. 手钢剪：钢剪有很多尺寸，多用于剪切较薄的金属板材，缺点是剪切的时候金属板材容易变形。

2. 小钢剪：一般用于裁剪像焊料之类非常薄的金属片。

3. 斜口剪钳：一般用于裁剪金属线。

4. 锯弓：用锯子切割金属材料是首饰制作中基本且常用的技法，所以选择一把好的锯弓非常重要。锯弓分可调整弓身长度型和固定长度型，可根据自己的需求来选择合适的款式。

5. 锯条：配合锯弓使用，锯条由碳钢类材料制成，可用来分割金银铜等常见金属。锯条有粗细的划分，尺寸一般从最细的 8/0 号到最粗的 14 号。制作精细的首饰可用较细的锯条，分割较厚的金属则可选择粗锯条。常用的锯条尺寸为 4/0 到 4 号，例如在制作贵金属珠宝类的时候，为了尽量减少贵金属的损耗，一般会选用 4/0 号的锯条来切割首饰。

2.3.3　弯折工具

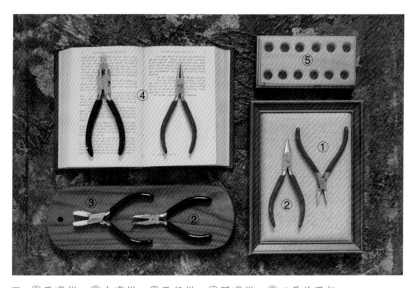

■　①平嘴钳；②尖嘴钳；③平行钳；④圆嘴钳；⑤工具放置架

1. 平嘴钳：钳嘴两边为平面，可用于夹紧、对折金属片，拉紧拉直金属丝等，闭合金属环也经常用到该工具。

2. 尖嘴钳：钳嘴为锥形，可用于弯折金属线等，并且可以深入一般工具较难到达的部位。

3. 平行钳：钳嘴内侧无锯齿或采用硬塑胶材料制作，多用于夹紧、对折、弯曲或解开金属丝打的结，优点是不易在金属材料上留下痕迹。

4. 圆嘴钳：用于金属丝弯折、制作金属环和曲线造型等。

5. 工具放置架：可将工具把手插入孔洞，直立收纳摆放。

2.3.4 锉修工具

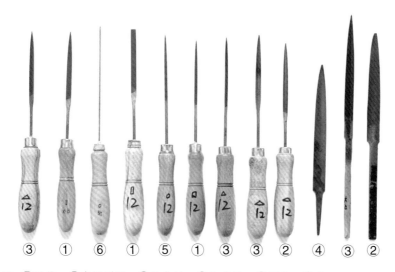

■ ①平锉；②半圆形锉；③三角锉；④油光锉；⑤圆锉；⑥针

1. 平锉：多种型号，粗细不同，常用于修整金属使之平滑，清理焊接口等。

2. 半圆形锉：多种型号，粗细不同，常用于修整戒指或环形内部的金属等。

3. 三角锉：多种型号，粗细不同，常用于锉出凹槽以及打磨较难操作的金属部位。

4. 油光锉：多种型号，锉齿相对较细，可将金属表面处理得相对精细。

5. 圆锉：多种型号、粗细不同，常用于修整孔洞以及细窄部位。

6. 针: 用于处理细缝, 衔接部位也可包裹砂纸打磨精细部分。

2.3.5　敲打工具

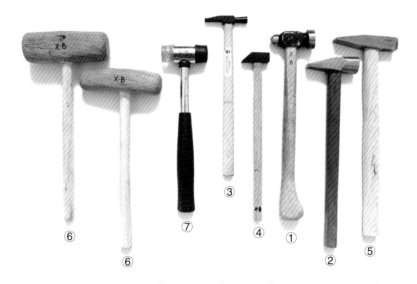

■ ①整平锤；②錾花锤；③铆钉锤；④方锤；⑤肌理锤；⑥木槌；⑦橡胶皮锤

1. 整平锤: 有两个锤头, 一个锤头圆形凸起, 一个锤面较平, 用于敲平金属上的痕迹以及制作肌理。

2. 錾花锤: 也叫平凸锤, 平锤头用于敲打, 凸锤头用于肌理制作。

3. 铆钉锤: 非常轻巧, 锤头很小, 多用于精细的肌理制作。

4. 方锤: 有多种型号, 通常为 4 分至 8 分锤型号, 多用于首饰金工的精细制作。

5. 肌理锤: 锤头的表面布满凹凸不平的肌理花纹, 可快速敲打出相应肌理, 很多时候这样的锤子都是由匠人们自己定制的。

6. 木槌: 用于金属整型。

7. 橡胶皮锤: 用于塑型和整型, 操作中不易在金属表面留下痕迹。

2.3.6　钻具

　　1. 电动吊机：安装在工作台上的一种电机，可提供动力，旋紧夹头可高速旋转，它可以搭配不同型号的钻头、砂轮、抛光用具使用，在首饰制作中的使用率非常高。

　　2. 台钻：安装在工作台或桌面上的电钻，用于物体打孔。

　　3. 手动钻：用于物体打孔。

　　4. 麻花钻头：多用钢材制成，型号、粗细不同，可安装于电动吊机、台钻、手动钻上使用。

　　5. 钢机针：有多种形状、型号、大小，例如圆柱形、圆锥形、火焰型、圆头型、钻石型等。安装在吊机上，可对物体进行切磨、塑型、肌理制作等。

■　电动吊机

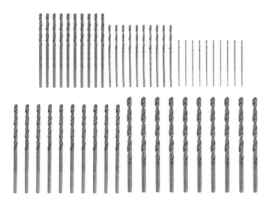

■　麻花钻头

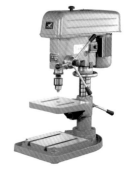

■　台钻

■　钢机针

■　手动钻

2.3.7 抛光工具

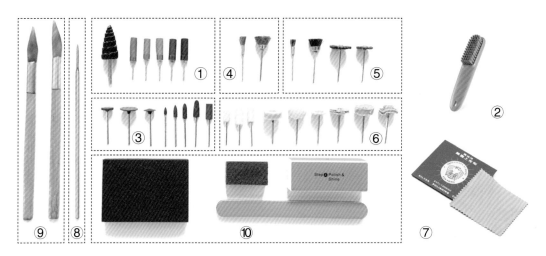

■ ①砂纸卷棒；②毛刷；③胶轮；④铜扫；⑤尼龙扫；⑥抛光轮；⑦擦银布；⑧铜轧光棒；⑨玛瑙刀；
⑩研磨抛光材料

1. 砂纸卷棒：砂纸有不同的型号，可卷成砂纸卷配合吊机使用，金属可通过砂纸的打磨呈现更为精细的表面。砂纸的使用应遵循从粗到细的顺序。

2. 毛刷：多用途刷子，也可用鞋刷、牙刷替代，结合清洁剂对物品进行清洁。

3. 胶轮：安装在吊机上用于抛光，有多种型号和形状。

4. 铜扫：安装在吊机上用于抛光，有多种型号和形状，也可用于制作绒面肌理效果。

5. 尼龙扫：安装到吊机上用于抛光，有多种型号和形状。

6. 抛光轮：安装在吊机上使用，材质有羊毛、棉布、毛毡等。

7. 擦银布：布面一般附着增亮剂，可用于除去银饰表面的氧化物和污垢。需注意，银镀金产品常用擦银布擦拭可能会使镀层有所损耗。

8. 铜轧光棒：对金属表面进行轧光。

9. 玛瑙刀：一般用天然玛瑙作为刀头，对金属表面进行轧光，使之光亮照人。

10. 研磨抛光材料：多为研磨棒或研磨块，型号非常多，打磨时可从粗到细依次使用。

2.3.8　胶粘工具

■　①502 速干胶水；②502 胶水解除剂；③B-6000 万能胶水；④超强 AB 胶 12 小时慢干型；⑤超强 AB 胶 30 分钟速干型；⑥热熔胶枪与胶棒；⑦酒精纤维胶；⑧太棒木工胶

1. 502 速干胶水：3~5 秒速干，可操作时间非常短，常用于细小孔洞、缝隙的粘接，如珍珠与金属配件的连接等。

2. 502 胶水解除剂：用于解除 502 胶水，将解除剂喷在胶水表面，胶水会迅速溶解，用纸巾或干布将粘稠物擦除即可。

3. B-6000 万能胶水：多功能慢干型胶水，常用于塑料、陶瓷、木材、金属等的粘接，1~2 小时开始固化，完全固化通常需要 12 小时以上。

4. 超强 AB 胶 12 小时慢干型：A 胶与 B 胶按照说明书中比例搭配，均匀混合后使用，常用于宝石、金属、塑料、陶瓷、木材等的粘接，12 小时后完全固化，黏粘性超强。

5. 超强 AB 胶 30 分钟速干型：A 胶与 B 胶按照说明书中比例搭配，均匀混合后使用，可操作时间约 20~30 分钟，黏粘性超强。

6. 热熔胶枪与胶棒：将胶棒放入胶枪，连接电源进行加热后挤出使用，常用于纤维材质，如布料类的粘贴。

7. 酒精纤维胶：常用于纤维材质，如布料类的粘贴。

8. 太棒木工胶：用于粘贴木质材料。

第 3 章
复古风格首饰的制作技巧

3.1　基础配件的使用及制作

■　基础配件

3.1.1　9 字针的制作及固定方法

1

用剪钳截取一段金属丝

2

用折弯工具中的圆嘴钳将金属线折
成圆弧形

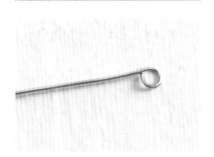

3

折成"9"的形状，注意金属丝的尾
端要与另一边的金属丝贴合

 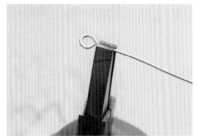

4

用平嘴钳将金属线掰直，9 字针就做好了

 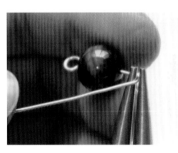

5

将珠子穿入做好的 9 字针中

6

将 9 字针的另一边折出弧形

7

进一步折成圆圈状

8

剪去多余的金属线

9

制作完毕

3.1.2　双圈闭环的制作及固定方法

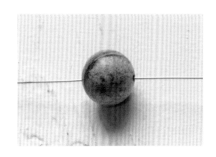

1

截取一段金属线，将珠子穿入线中

2

将一边金属线折弯，与珠子尽量成90°

3

另一边金属线向反方向 90° 折弯

4

进一步折出圆环状

5

用尖头钳夹住多余的金属线进行缠绕

6

缠绕两三圈后再剪去多余的金属线

7

另一边重复以上步骤，闭环固定珠子即制作完毕；这样固定珠子会非常牢固

3.1.3 双圈闭环与链条结合的使用方法

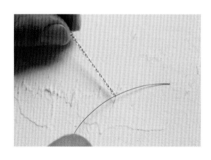
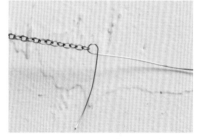

1

截取一段金属线，并将其穿进链条
孔中

2

用圆头钳将金属线折弯出圆环状

3

将金属线缠绕两三圈进行固定

4

剪去一边固定环上多余的金属线，将珠子穿入，同时将金属线穿入另一边链孔中

5

用相同的方法制作另一闭口圈，即制作完毕

3.1.4　扭花双圈闭环的制作

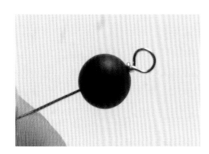

1

将珠子穿入闭口 9 字针中

2

将金属线另一边弯折为圆环状

3

在缠绕一圈后，将多余的金属线缠绕
至另一边闭口环根部

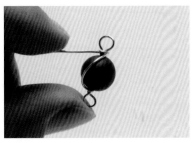

4

根据情况在根部缠绕两三圈

5

剪去多余金属线，扭花双圈闭环珠即
制作完毕

3.1.5　尾珠闭环吊坠的制作

1

将珠子穿入闭口 9 字针中

2

将珠子底部的金属线缠绕至上方闭口环根部

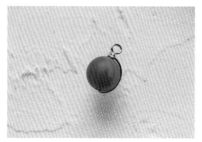

3

缠绕结实后剪去多余的金属线，尾珠闭环吊坠即制作完毕

3.1.6　水滴珠绕线吊坠的制作

1

截取一段金属线，将水滴珠穿入
线中

2

将两条金属线缠绕成麻花状

3

剪去较短侧的金属线

4

用圆头钳将金属线折弯成圆圈状，
将多余的金属线进行缠绕

5

根据需求确定绕线的多少。通常可
用金属线缠绕至水滴珠孔位置，使
吊坠看起来更加整体、美观

3.1.7　包扣的基础使用方法及案例

■ Vintage 妙手虎眼石手链

准备工具材料：钢丝尼龙线或透明尼龙线、平嘴钳、尖嘴钳、剪刀、包扣、定位珠。

■ ①钢丝尼龙线；②透明尼龙线；③平嘴钳；④尖嘴钳；⑤剪刀；⑥包扣；⑦定位珠

1

根据所需截取钢丝尼龙线，将定位珠穿入

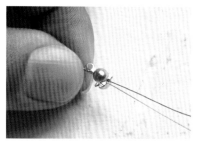

2

将钢丝线对折，取一枚包扣从线尾同时将两根线头穿入

3

将包扣推至可以包裹定位珠的位置

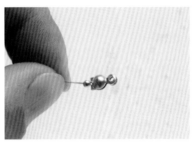

4

用尖嘴钳把包扣夹紧

5

再取一枚定位珠穿入，并将定位珠置于包扣旁，用钳子夹扁后进行固定

6

依据设计方案将珠子依次穿入

7

串珠完毕后，取一枚定位珠穿在最尾，并用钳子夹扁固定

8

穿入用于收尾的包扣，再将一枚定位珠穿入单股钢丝线中

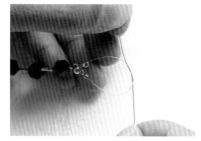

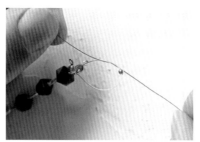

9

将两根钢丝线和定位珠反复打结，确保牢固

10

剪掉多余线头

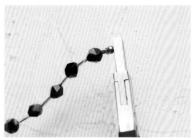

11

用钳子夹紧包扣

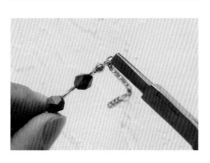

12

穿入手链所需的延长链和弹簧扣

13

用圆头针制作手链延长链部分的吊坠

14

Vintage 妙手虎眼石手链即制作完毕

3.2　风趣优雅的颈饰

3.2.1　山林间·山栗子——自然风项链制作

■ 山林间·山栗子项链

　　准备工具材料：剪钳、尖嘴钳、圆头钳、竹签、剪刀、定位笔、手钻、B-6000 胶水、打火机、T 针、耳钩、山栗子、木珠、蜡绳。

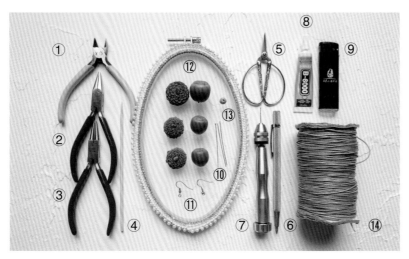

■ ①剪钳；②尖嘴钳；③圆头钳；④竹签；⑤剪刀；⑥定位笔；⑦手钻；
⑧B-6000 胶水；⑨打火机；⑩T 字针；⑪耳钩；⑫山栗子；⑬木珠；⑭蜡绳

1

用定位笔在栗子帽上标注痕迹

2

用手钻在标注的位置打孔

3

将 T 字针穿进孔中

4

用圆头钳制作闭口环

5

将多余的金属线剪去，调整好圈的状态

6

将 B-6000 胶水涂满栗子帽内

7

粘好帽子和果实后直立静置，直到胶水凝固，大约需 1 小时，B-6000 胶水完全固化需 12 小时

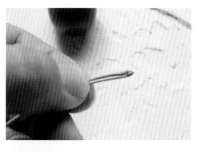

8

将绳子穿入栗子吊坠中，并用打火机对绳子尾部进行收口

9

穿入定位木珠

10

在绳尾处打两个结

11

剪去多余线头，用打火机处理尾部

12

山栗子项链即制作完毕

13

如果想制作耳饰，将耳钩配件安装
在栗子吊坠上即可

3.2.2　Book Art 阅——复古项链制作

■　Book Art 阅复古项链

　　准备工具材料：剪钳、尖嘴钳、定位笔、手钻、B-6000 胶水、502 胶水、Vintage 树脂书、美国黄铜镀金连接花片、天然珍珠、吊帽、开口环、弹簧扣、金属链。

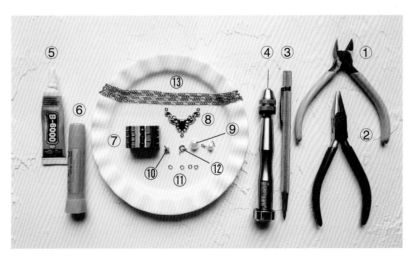

■　①剪钳；②尖嘴钳；③定位笔；④手钻；⑤B-6000 胶水；⑥502 胶水；⑦Vintage 树脂书；⑧美国黄铜镀金连接花片；⑨天然珍珠；⑩吊帽；⑪开口环；⑫弹簧扣；⑬金属链

1

用定位笔在 Vintage 树脂书的中间
部位做出记号

2

用手钻对准记号部位钻孔

3

取一枚吊帽，将吊帽环部分夹断，并用圆头钳掰开

4

将 502 胶水注入树脂书孔中

（也可使用 B-6000、AB 胶水等）

5

将处理好的吊帽安装到树脂书上，用
手按住 10 秒，固定牢固

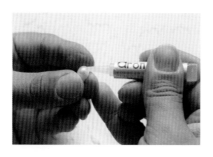

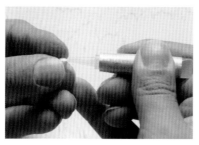
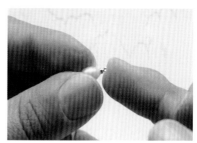

6

用 502 胶水将两枚珍珠与吊帽粘接

7

用开口环将连接花片和金属链的两端分别相连，同时将大颗的巴洛克珍珠吊坠安装在花片的一端

8

将链子按图中不对称位置剪断

9

将弹簧扣与链子较短端相连

10

将另一天然珍珠吊坠挂在链子另一端

11

将树脂书吊坠和三角连接花片相连，并夹紧连接处

12
项链即制作完毕

3.2.3　海马歌剧院——复古颈链制作

■　海马歌剧院，复古颈链

准备工具材料：剪刀、打火机、剪钳、平嘴钳、尖嘴钳、直尺、蕾丝花边、金属链、马口夹、复古海马吊坠、开口环、龙虾扣。

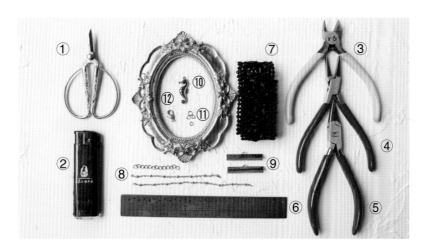

■　①剪刀；②打火机；③剪钳；④平嘴钳；⑤尖嘴钳；⑥直尺；⑦蕾丝花边；⑧金属链；⑩马口夹；⑩复古海马吊坠；⑪开口环；⑫龙虾扣

1

截取合适尺寸的蕾丝花边，用打火机对花边裁剪处封口

2

将蕾丝花边的一边放入马口夹，并用平嘴钳夹紧

3

注意钳子力度均匀，可使马口夹看起来更加平滑

4

用相同的方法安装另一侧马口夹

5

将蕾丝链对折找出中点，安上开口环，并将海马吊坠也安装在蕾丝链中间

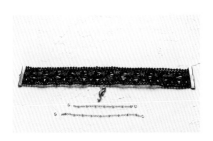

6

将准备好的两段金属链用开口环与
蕾丝花边连接

7

注意金属链的对称性

8

将延长链和龙虾扣分别安装在两端马口夹孔

9

海马歌剧院颈链即制作完毕；需要注意的是，蕾丝的长度应比脖子周长短一些，配以延长链可以调节整体尺寸，使蕾丝和脖颈的贴合更完美

3.2.4　Popping Candy——多宝项链制作

准备工具材料：剪钳、平嘴钳、尖嘴钳、剪刀、金属尼龙线、威尼斯琉璃珠、多款隔珠、手工琉璃手套吊坠、法国 Vintage 小狼吊坠、雪花吊坠、包扣、定位珠、OT 扣、开口环。

■　Popping Candy 多宝项链

■　①剪钳；②平嘴钳；③尖嘴钳；④剪刀；⑤金属尼龙线；⑥威尼斯琉璃珠；⑦隔珠；⑧手工琉璃手套吊坠；⑨Vintage 小狼吊坠；⑩雪花吊坠；⑪包扣；⑫定位珠；⑬OT 扣；⑭开口环

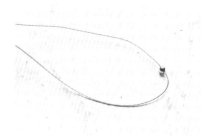

1

将定位珠穿入截取的金属尼龙线

2

对折金属尼龙线，并将包扣同时穿过
两根线头

3

将包扣固定（详细步骤见 3.1.7 包
扣的基础使用方法及案例）

4

根据设计方案依次穿入珠子和吊坠

5

用包扣定位珠收尾（详细步骤见 3.1.7 包扣的基础使用方法及案例）

6

用开口环将 OT 扣与项链连接，
Popping Candy 多宝项链即制作
完毕

3.2.5　时光瑰宝——戈壁玛瑙项链制作

■　时光瑰宝项链，戈壁玛瑙

准备工具材料：平嘴钳、尖嘴钳、剪刀、B-6000 胶水、金属尼龙线、吊帽、OT 扣、包扣、定位珠、开口环、戈壁玛瑙珠、黄铜矿珠。

■　①平嘴钳；②尖嘴钳；③剪刀；④ B-6000 胶水；⑤金属尼龙线；⑥吊帽；⑦ OT 扣；⑧包扣；⑨定位珠；⑩开口环；⑪戈壁玛瑙珠；⑫黄铜矿珠

　　示例项链是作者送给母亲的礼物，戈壁玛瑙经过千万年风吹日晒的洗礼后越发美丽，表面风化过后的微微褶皱与柔和透亮的色彩形成美好的呼应，就像伟大的母爱一样，温柔中透露着坚毅。

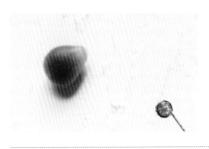

1

将 B-6000 胶水均匀地涂在吊帽内

2

将吊帽帽针部分对准玛瑙珠孔进行粘贴，粘贴后放置 12 小时，使吊帽和宝石之间粘接更加牢固

3

制作好包扣后，将搭配好的戈壁玛瑙与黄铜矿珠依次穿入金属尼龙线

4

注意在珠子穿到一半时，需要将制作好的吊坠也穿进去，确保佩戴者戴上项链后吊坠处于中心位置

5

以包扣收尾（详细步骤见 3.1.7 包扣的基础使用方法及案例）

6

用开口环将 OT 扣和项链两端连接

7

一串美丽的戈壁玛瑙项链即制作完毕

3.2.6　博物馆的夜晚——多宝长项链、手链制作

■　博物馆的夜晚，多宝长项链、手链

准备工具材料：剪钳、平嘴钳、剪刀、金属尼龙线、包扣、定位珠、开口环、黑玛瑙珠、白陶瓷珠、多彩松石珠、黄铜矿珠、各种隔珠、复古娃娃手吊坠。

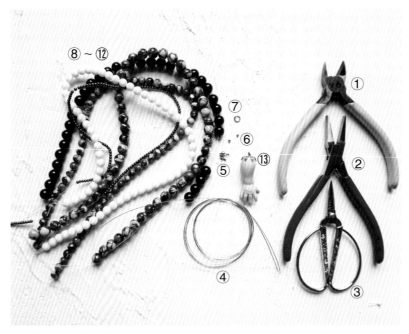

■ ①剪钳；②平嘴钳；③剪刀；④金属尼龙线；⑤包扣；⑥定位珠；⑦开口环；⑧黑玛瑙珠；⑨白陶瓷珠；⑩多彩松石珠；⑪黄铜矿珠；⑫隔珠；⑬复古娃娃手吊坠

1

截取一段金属尼龙线，穿入黄铜矿珠，将珠子推到整条线段的中间部位，然后将线段进行对折，继续将定位珠和隔珠穿在对折后的双股线上，制作一个珠子围成的环

2

根据设计方案依次将珠子穿在双股线上

3

珠子穿入完毕后，将定位珠穿在最尾端，并用钳子夹扁

4

用包扣收尾（详细步骤见 3.1.7 包扣的基础使用方法及案例）

5

用开口环将复古娃娃手吊坠与项链尾端连接，即制作完成

6

这件作品有多种佩戴方式，可以当作项链，也可以缠绕在手腕上当作手链

3.3 复古多变的耳饰

3.3.1 创世纪——多变造型耳钉制作

■ 创世纪不对称耳钉，黄铜配件、Vintage 黄铜錾刻手形吊坠
链条长度、造型可变，佩戴方式可参考本书第 175 页所示

准备工具材料：剪钳、尖嘴钳、小半圆锉刀、直尺、B-6000
胶水、铜链条、Vintage 黄铜錾刻手形吊坠、黄铜大圈、耳钉、
吊帽、开口环。

■ ①剪钳；②尖嘴钳；③小半圆锉刀；④直尺；⑤B-6000胶水；⑥铜链条；
⑦ Vintage 黄铜錾刻手形吊坠；⑧黄铜大圈；⑨耳钉；⑩吊帽；⑪开口环

1

用剪钳截取一段铜链条，本款截取
尺寸为 18cm

2

将链条截断处用小半圆锉刀打磨，使之圆滑

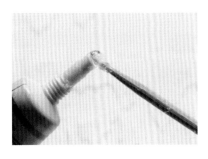 

3

用竹签蘸取 B-6000 胶水，涂抹于铜链条的一端，并将链条套入相应尺寸的
吊帽中进行粘接

 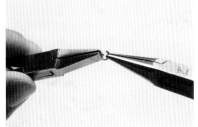

4

如有胶水溢出，需将周围清理干净

5

用平嘴钳和尖嘴钳将开口环打开

6

将黄铜大圈、吊帽金属线、黄铜錾刻
手形吊坠以及耳钉依次用开口环连接

7

将开口环夹紧，不留一丝缝隙；耳环
即制作完毕

8

这款耳环的特点为金属链条部分可以
任意打结，一款多戴

3.3.2　吉祥象——异域风情耳坠制作

■　吉祥象异域风情耳坠

　　准备工具材料：剪钳、尖嘴钳、直尺、泰国包金小象吊坠、包金隔珠、耳钩、开口环、包金 O 字链。

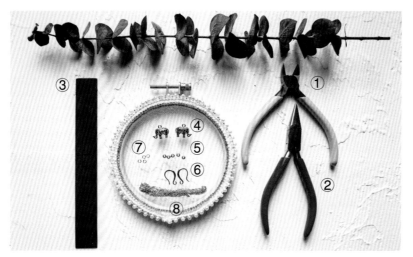

■　①剪钳；②尖嘴钳；③直尺；④包金小象吊坠；⑤包金隔珠；⑥耳钩；⑦开口环；⑧包金 O 字链

1

用剪钳截取两段 5cm 长度的包金 O 字链

2

用开口环将小象吊坠和 O 字链进行连接

3

依次将三颗包金隔珠穿在 O 字链上，
将 O 字链的另一端安上开口环并夹紧

4

将耳钩和开口环连接，用尖嘴钳夹紧

5

一对异域风情的复古耳环即制作完毕

3.3.3 娃娃博物馆——木质综合材料耳钉制作

■ 娃娃博物馆耳钉

准备工具材料：剪钳、圆头钳、手钻、B-6000 胶水、502 速干胶水、吊帽、贝母耳钉、Vintage 黑胡桃木扣子、树脂娃娃头像、图画石珠。

■ ①剪钳；②圆头钳；③手钻；④B-6000 胶水；⑤502 速干胶水；⑥吊帽；⑦贝母耳钉；⑧Vintage 黑胡桃木扣子；⑨树脂娃娃头像；⑩图画石珠

1

用定位笔在木扣子边沿留下相对应的两个标记点

2

用手钻对准一侧定位笔留下的点钻孔

3

钻孔的深度和耳钉螺丝深度一致

4

在钻孔处注入 502 速干胶水，将耳钉装入其中，按住耳钉 10 秒，使两者牢固粘接

5

将木扣子另一侧用手钻钻孔

6

取一枚吊帽，如果吊帽环是闭口的，可以用剪钳剪开，用圆头钳掰开一个小口

7

钻好的孔中注入 502 速干胶水，将处理好的吊帽安装在孔中粘牢

8

取出另一枚吊帽和图画石珠，将两者用 502 胶水粘牢

9

将上一步制作好的图画石吊坠挂在木扣上的开口吊帽上，用尖嘴钳夹紧

10

取出娃娃头像配件，用 B-6000 胶水涂抹均匀后，粘在木扣正面，按压定位后，放置 12 小时即可固定

11

娃娃博物馆复古木扣
耳钉即制作完毕

3.3.4 绿日——孔雀石复古耳钉制作

■ 绿日孔雀石复古耳钉

准备工具材料：尖嘴钳、B-6000 胶水、带孔孔雀石、耳钉、
弧线配件、开口环。

■　①尖嘴钳；②B-6000 胶水；③带孔孔雀石；④耳钉；⑤弧线配件；⑥开口环

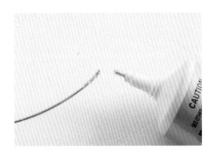

1

将胶水均匀涂抹在弧线配件的一端

2

将带有胶水的配件插入水滴形孔雀石的孔中进行粘贴固定

3

用开口环连接制作好的吊件与耳钉

4
制作完毕

3.3.5　黑金——复古象棋耳坠制作

■　黑金复古象棋耳坠

　　准备工具材料：剪钳、圆头钳、金属线、磨砂黑玛瑙珠、黄铜矿珠、Vintage 象棋吊坠。

■ ①剪钳；②圆头钳；③金属线；④磨砂黑玛瑙珠；⑤黄铜矿珠；
⑥Vintage 象棋吊坠

1

截取一段金属线并用圆头钳制作成 9 字针

2

将磨砂黑玛瑙珠和黄铜矿珠依次穿在
9 字针上

3

借用钳子把手的弧度，将 9 字针剩
余的部分弯折，形成耳钩曲线

4

将吊坠挂在 9 字针的环状部位，然后夹紧

5

制作完毕

3.3.6　人鱼的眼泪——绕线琉璃耳环制作

■　人鱼的眼泪绕线琉璃耳环

1

截取一段金属线，将水滴珠穿在线上

2

用拧麻花的手法将两条金属线扭转

3

剪掉较少侧的金属线头

4

将多余的线用圆头钳折出圆环后缠绕

5

在缠绕时注意用多余的线将水滴珠的孔遮盖住

6

吊坠部分即制作完毕

7

耳环部分除了基本的钳子之外，还需要借助绕线器

8

截取一段金属线，将其缠绕在圆柱体绕线器上

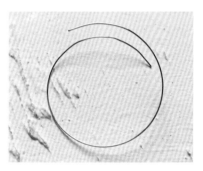

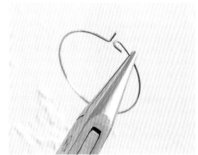

9

形成圆环后，用尖嘴钳折出图中所示的角度，一端垂直向上，另一端横向折出一个钩状造型

10

将吊坠穿在耳环上，即制作完毕

3.4　造型丰富的手饰

3.4.1　独角兽与梦——多宝手珠制作（弹力线串珠的基本使用方法）

■　独角兽与梦多宝手珠

　　准备工具材料：弹力皮筋、金属尼龙引导线、剪刀、隔珠、威尼斯琉璃珠、合金独角兽吊坠、开口环。

■　①弹力皮筋；②金属尼龙引导线；③剪刀；④隔珠；⑤威尼斯琉璃珠；
　　⑥合金独角兽吊坠；⑦开口环

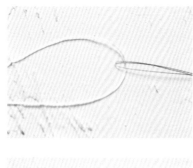

1

将弹力皮筋与金属尼龙引导线交叉摆放

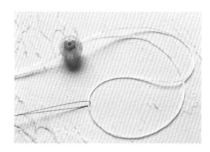

2

将威尼斯琉璃珠从引导线穿入至弹力皮筋

3

依据设计方案逐步穿入珠子

4

在适当的部位将独角兽吊坠穿入弹力皮筋

5

珠子穿入完毕后，将弹力皮筋尾部的一股穿入另一边呈弧形的弹力皮筋中

6

将皮筋拉紧后反复打结，注意打结时也需要拉紧

7

剪去多余的皮筋后将皮筋接口藏入珠孔内，一串手珠即制作完毕

3.4.2 紫气东来——小叶紫檀手珠制作

■ 紫气东来系列手珠

　　准备工具材料：弹力皮筋、金属尼龙引导线、剪刀、小叶紫檀珠、橄榄核珠。

■ ①弹力皮筋；②金属尼龙引导线；③剪刀；④小叶紫檀珠；⑤橄榄核珠

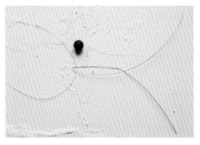

1

将弹力皮筋与金属尼龙引导线交叉摆放

2

通过引导线将珠子穿入

3

小叶紫檀珠穿好后，穿入橄榄核珠，将皮筋拉紧后反复打结，剪去多余线头，将皮筋接口藏入橄榄核中

4

富有中国风的手珠即制作完毕

3.5 画龙点睛的针饰

珍妮——橡皮漆珠帽针制作

■ 珍妮，橡皮漆珠帽针

准备工具材料：帽针、开口环、B-6000 胶水、竹签、橡皮漆圆片、复古娃娃头贴片、橡皮漆珠。

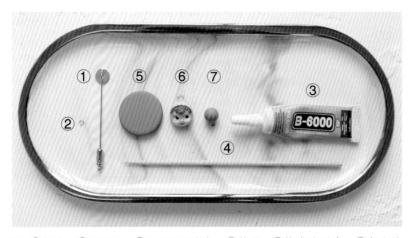

■ ①帽针；②开口环；③B-6000 胶水；④竹签；⑤橡皮漆圆片；⑥复古娃娃头贴片；⑦橡皮漆珠

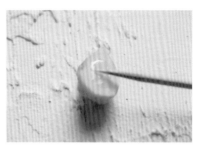

1

将 B-6000 胶水用竹签均匀地涂抹在娃娃头贴片背部，使其粘在橡皮漆片上，放置 12 小时使其粘贴牢固

2

将 B-6000 胶水均匀涂抹在帽针片上，与制作好的娃娃头橡皮漆片进行黏合

3

用开口环将橡皮漆珠吊坠和帽针头连接，帽针即制作完毕

第 4 章

开启你的设计思路——
手作饰品赏析

  本章节分享笔者创立的首饰品牌 Whitefactory·白工厂 2008 年至 2018 年十年来部分手作综合材料类的首饰作品，约 40 个系列，包括近千种款式，也是笔者不断探索首饰和材料关系的进化实验记录。每一个系列都尽可能在风格、材质、形式上进行拓展。独特、创新、趣味、叙事、限量，是笔者对首饰创作追求的几大基本点，也希望这些作品能够给大家带来创作上的启发，设计制作出更多在材质、感官、含义上都更有意趣的首饰作品。

4.1　诗意的风景·品风格

4.1.1　自然本我

■ 山林间系列，天然果实，2012

创意来源：山林间系列作品的诞生源于设计师旅行中偶然闪现出的灵感；树上坠落的坚果被遗弃在草丛，果实饱满美丽，好像在告诉你它的生命并没有结束；于是，设计师在森林中收集了许多自然掉落的果实，根据它们自身的特色设计制作出项链、手链、耳环、胸针等首饰，采取这样的方式让一些看似被自然遗弃的事物找到适合自己的生存方式；这也是一种新生命的开始，与生长程序不同，是一种由"弃"到"宠"的"轮回"；取之于自然却不破坏自然，首饰的组成部分都以最接近天然的状态呈现，这种环保的理念贯穿于山林间系列作品中

■ 山林间系列，挂坠 & 胸针 & 耳环 & 手链，天然果实、棉麻、合金等，
2012

■ 山林间·棉桃果，胸针，天然果实、
棉麻、合金等，2012

■ 山林间·山栗子，项链，天然果实、
木珠、蜡绳，2012

■ 山林间·戴帽山栗子，耳环，天
然果实、合金等，2012

■ 山林间·戴帽山栗子，颈链，天
然果实、棉麻、合金等，2012

■ 一叶一菩提系列，项链 & 手链，天然果实、铜镀 14K 金、综合材料等，2013
创意来源：亲近自然，舒缓心智，本来无一物，何处惹尘埃

■ 一叶一菩提·多宝菩提，项
　链，天然菩提子、铜镀 14K
　金珠、蜡绳等、2013

■ 一叶一菩提·多宝菩提，手链，
　天然菩提子、铜镀 14K 金珠、
　贝壳等，2013

■ 一叶一菩提·木鱼，项链，
　天然木鱼菩提、玛瑙、青金石，
　铜镀 14K 金、蜡绳等，2013

■ 一叶一菩提·弥生，手链，
　天然菩提子、珊瑚、松石，
　2013

■ 秋石系列，吊坠，鹅卵石等，2010
　创意来源：质朴顽石给予的能量

4.1.2 梦幻童话

■ 冬日欢歌系列，挂坠 & 胸针，橡胶、蕾丝、松果、仿皮草等，2010
　创意来源：为寒冷冬日增添愉悦气氛

■ 冬日欢歌系列，胸针，橡胶、松果、合金综合材料等，2010

■ 冬日欢歌·杰尼松鼠，项链，
橡胶、蕾丝、松果、仿皮草等，
2010

■ 冬日欢歌·邦妮斑点兔，项链，
橡胶、蕾丝、仿皮草、综合材料等，
2010

■ 冬日欢歌·珍妮蝴蝶，项链，陶瓷、
蕾丝、仿皮草，综合材料等，2010

■ 冬日欢歌·邦妮棕兔，项链，橡胶、
蕾丝、仿皮草、合金等，2010

■ Popping Candy 系列，项链＆手链＆耳环，琉璃、贝壳、铜镀金配件等，2010
创意来源：寻觅童年天真单纯的味蕾

■ Popping Candy·森林聚会，项链，威尼斯琉璃、贝壳、铜镀金配件等，2010

■ Popping Candy·雪人，项链，威尼斯琉璃、铜镀金配件等，2010

■ Popping Candy·彩虹蘑菇，手链，搅胎琉璃，2010

■ Popping Candy·冬雪，项链，威尼斯琉璃、珍珠、铜镀金配件等，2010

■ Popping Candy·金鸟鸣啼，手链，威尼斯琉璃、铜镀金配件等，2010

■ Popping Candy·Van Gogh 的花园，手链，威尼斯琉璃等，2010

■ Scotland Farm 系列，项链 & 胸针，铁艺、手绘、合金、琉璃等，2009
创意来源：对天然牧场生活的想象与向往

■ Scotland Farm • 波点猪，项链，铁
艺、手绘、合金、软陶等，2009

■ Scotland Farm • 花花牛，项链，铁
艺、手绘、合金、珍珠等，2009

■ Scotland Farm • 高尾鸡，项链，铁
艺、手绘、合金、琉璃等，2009

■ Scotland Farm • 云朵羊，项链，铁
艺、手绘、合金、珍珠等，2009

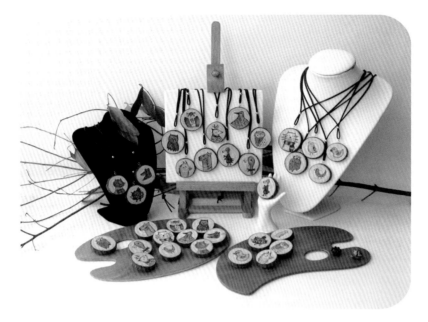

■ Wood Cute 系列，项链 & 胸针，木头、手绘、绒绳等，2008
创意来源：返璞归真的原木味道与自由涂鸦的结合

■ Wood Cute 系列，项链，木头、手绘、绒绳等，2008

■ Forest Voice 系列，项链＆手链＆胸针，凤凰石、玛瑙、石榴石、贝壳、铜镀 14K 金配件等，2009
创意来源：童话故事里的丛林中总是充满了小动物们清脆的聊天声

■ Forest Voice·聪明的小驴，项链，Vintage 黄铜小驴配件、凤凰石、捷克珠、铜镀 14K 金配件等，2009

■ Forest Voice·爱的书信，胸针，Vintage 镀金吊坠、捷克珠、贝壳、铜镀 14K 金配件等，2009

■ Forest Voice·松鼠之家，项链，Vintage 松鼠配件、凤凰石、珍珠、铜镀 14K 金配件等，2009

■ Forest Voice·奔跑的麋鹿，胸针，Vintage 麋鹿配件、琉璃、蕾丝、捷克珠、铜镀 14K 金配件等，2009

■ 秋游系列，项链 & 胸针，蕾丝、布艺、综合材料、合金等，2009
创意来源：感受秋日露营的欢悦时光

■ 秋游·赤鸟鸣，项圈，蕾丝、综合材料、合金等，2009

■ 秋游·小红帽与松树，项链，蕾丝、木材、珍珠、布艺、综合材料、合金等，2009

■ 秋游·马灯与红果，胸针，Vintage 马灯配件、蕾丝、综合材料、合金等，2009

■ 秋游·棉花羊，胸针，蕾丝、布艺、琉璃、合金等，2009

■ Forest Friends 系列，项链＆手链＆耳环，珐琅、琉璃、天然石、铜镀
14K 金配件等，2010
创意来源：夜晚的丛林间，大家在猫头鹰的带领下开起了篝火晚会

■ Forest Friends · 宝蓝猫头鹰，项
链，珐琅、捷克珠、铜镀 14K 金
配件等，2010

■ Forest Friends · 草莓味道，项链，
珐琅、捷克珠、铜镀 14K 金配件
等，2010

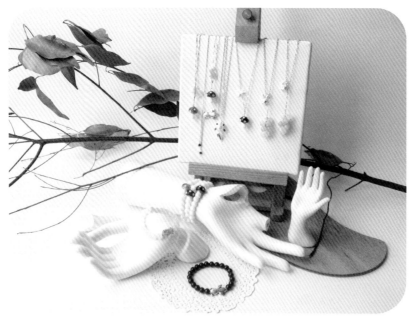

■ 小花伞和朋友系列，项链 & 手链，琉璃、贝壳、合金等，2009
创意来源：下雨的森林中，小兔子在蘑菇伞下避雨

■ 小花伞和朋友系列，手链，琉璃、贝壳、合金等，2009

4.1.3 艺术怀古

■ Eyes Like Yours 系列，项链 & 胸针 & 戒指 & 耳钉，水晶亚克力、合金、
综合材料，2009
创意来源：愿我早得智慧眼

■ Eyes Like Yours，项链，水晶亚克力、合金、综合材料，2009

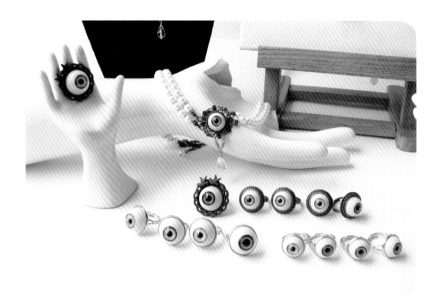

■ Eyes Like Yours，戒指，水晶亚克力、合金、综合材料，2009

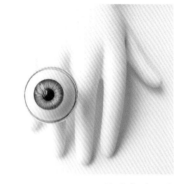

■ Eyes Like Yours·珍珠眼，项链，水晶亚克力、珍珠、合金、综合材料，2009

■ Eyes Like Yours·绿眸精灵，戒指，水晶亚克力、合金、综合材料，2009

■ Eyes Like Yours·睫毛精，项链，水晶亚克力、合金、综合材料，2009

■ Eyes Like Yours·繁花坊，手镯，水晶亚克力、合金、综合材料，2009

■ 致敬 NO.1 系列，项链＆胸针，木头、丝印、铜合金配件等，2010
　创意来源：致敬文艺复兴

■ 致敬 NO.1 系列，项链，木头、丝印、琉璃、铜合金配件等，2010

■ 致敬 NO.1 系列，胸针，木头、丝印、琉璃、珍珠、铜合金配件等，2010

■ 致敬 NO.1·号角，项链，木头、丝印、玛瑙、铜合金配件等，2010

■ 致敬 NO.1·戏剧人生，胸针，木头、丝印、铜合金配件等，2010

■ 致敬 NO.1·繁花，项链，木头、丝印、琉璃、铜合金配件等，2010

■ 致敬 NO.1·建筑，胸针，木头、丝印、铜合金配件等，2010

■ Book Art 阅系列，项链 & 胸针，树脂、珍珠、琉璃、铜镀 14K 金配件等，
2009
　创意来源：阵阵书香，开启智慧之旅

■ Book Art 阅·花匠与书，胸针，树
　脂、琉璃、合金，2009

■ Book Art 阅·飞燕，项链，树脂、
　贝壳珠、铜镀 14K 金配件等，2009

■ Gentle Girl 系列，挂坠＆胸针＆戒指，滴釉、合金、木头、铜镀 14K
金配件等，2009
创意来源：飒爽干练的女孩别有魅力

■ Gentle Girl・随身 Book，戒指，
木头、铜镀 14K 金配件等，2009

■ Gentle Girl・旅行去，胸针，滴釉、
合金、综合材料等，2009

■ Gentle Girl・雨中曲，胸针，滴釉、
合金，2009

■ Gentle Girl・小裁缝，项链，合金、
青铜配件等，2009

■ 冰山生灵 Tip Of The Iceberg 系列，挂坠 & 耳饰，手工玻璃、羽毛、水晶树脂、925 银等，2015
创意来源："冰山生灵"系列作品的灵感缘于美国著名心理学家 Virginia Satir 的"冰山理论"；一
个人恰似一座冰山，人们看到的大多是表象，而内在世界隐藏于海底深层，认识冰山浮面下更深的
含义，才能发掘内心强大的能量；作品选择与"坚冷冰山"相对立的"柔软羽毛"作为融合对象，
提醒人们时刻以温和姿态待人接物，体会他人"冰山"下的温柔，才能更好地沟通，同时勿忘关爱
自己内心，呵护好心底那片充满善良、温和、柔韧的能量羽翼

■ 冰山生灵•奥林波斯山 Oros
Olimbos，耳饰，925 银、水
晶树脂、羽毛、玻璃，2015

■ 冰山生灵•喀什噶尔山
KashgarRange，耳饰，925 银、
水晶树脂、珊瑚、菩提根，
2015

■ 冰山生灵•乌拉尔山 Ural
Mountains，挂坠，925 银、
水晶树脂、羽毛、玻璃，
2015

■ Victoria Garden 系列，项链 & 胸针，树脂、珍珠、贝壳、合金等，2010
  创意来源：对维多利亚贝雕风格首饰的重新注释

■ Victoria Garden • MoMo 系列，项链，树脂、珍珠、贝壳、合金等，2010

4.1.4　生活与梦

■ 窗台上的风景系列，项链 & 胸针，软陶、陶瓷、合金、综合材料等，2012
创意来源：爷爷家的阳台上，总是放满了一盆盆的鲜花

■ 窗台上的风景•茉莉香，胸针，软陶、
陶瓷、合金、综合材料等，2012

■ 窗台上的风景•朱顶红，项链，软陶、
陶瓷、合金、综合材料等，2012

■ 窗台上的风景•果香，戒指，软陶、
陶瓷、合金、综合材料等，2012

■ 窗台上的风景•迷迭香，胸针，软陶、
陶瓷、合金、综合材料等，2012

■ 奔跑的星球系列，颈链＆手链，手工高温陶瓷、925 银、铜镀 18K 金配件等，2012
　创意来源：寻找属于自己的小行星，体会宇宙中公转、自转的韵律

■ 奔跑的星球·全宇宙，手链，手工高温陶瓷等，2012

■ 奔跑的星球·行星与我，手链，手工高温陶瓷、925 银、铜镀 18K 金配件等，2012

■ 奔跑的星球·彗星眼，颈链，手工高温陶瓷、925 银、铜镀 18K 金配件，2012

■　简单生活系列，项链，合金、珍珠等，2012
　　创意来源：在有花草、有动物、有歌声的世界中画着生活

■　简单生活·饮水的小鹿，项
　　链，合金、珍珠，2012

■　简单生活·即将用尽的颜料，
　　项链，合金，2012

■　简单生活·胖鸟，项链，合
　　金、珍珠，2012

■ 丛林密语系列，项链＆胸针＆耳环，天然石、珍珠、小叶紫檀、合金、铜镀 14K 金配件等，
2013
创意来源：在城市中冥想丛林般的新鲜生活

■ 丛林密语·快乐王子，项链，天然石、珍珠、铜镀 14K 金配件等，2013

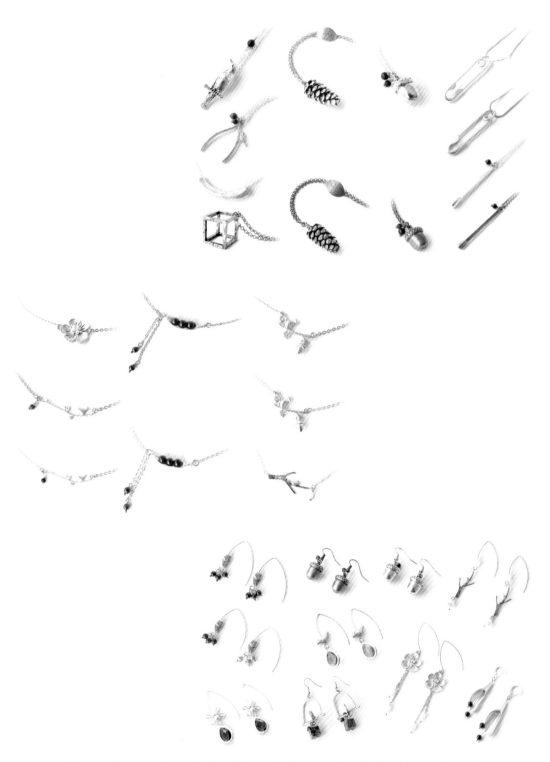

■ 丛林密语·耳间精灵系列，合金、天然石、珍珠、小叶紫檀、铜镀 14K 金配件等，2013

■ Mild.Rococo 系列，颈链＆手链，蕾丝、琉璃、合金、铜镀 14K
金配件等，2008
创意来源：半糖主义的蕾丝风格

■ Mild.Rococo·独角兽
的梦，颈链，Vintage
独角兽配件、蕾丝、铜
镀 14K 金配件，2008

■ Mild.Rococo·画框里的
兔子，颈链，Vintage 兔
子配件、蕾丝、珍珠、
铜镀 14K 金配件，2008

■ Mild·Rococo 系列，耳饰胸针＆手链，蕾丝、琉璃、软陶、铜合
金配件等，2008

4.2 思维的跳跃·品趣味

4.2.1 无拘色彩

■ 纸牌屋系列，耳饰，进口水晶树脂、磨砂树脂、925 银、铜镀 14K 金配件等，2018
　创意来源：愿人生的幸运物一直陪伴你左右

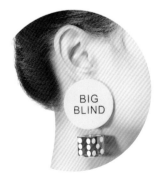
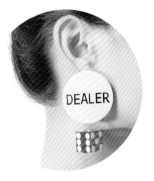

■ 纸牌屋·大盲庄系列，耳饰，进口水晶树脂、铜镀 14K 金配件等，2018

■ 纸牌屋·幸运骰，耳饰，进口水晶树脂、橡皮漆珠、925 银
配件等，2018

■ 纸牌屋·丘比特骰，耳饰，进口水晶树脂、铜镀 14K 金配件等，
2018

■ 纸牌屋·如意骰系列，耳饰，进口水晶树脂、铜镀 14K 金配
件等，2018

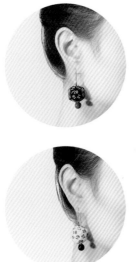

■ 纸牌屋·千面骰系列，耳饰，Vintage 骰子、贝珠、铜镀 14K 金配件等，2018

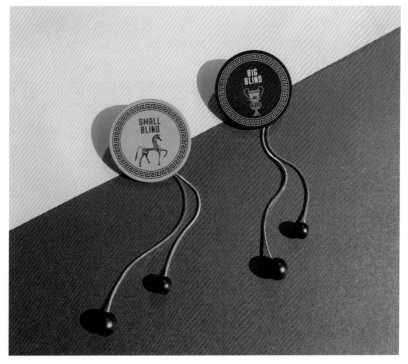

■ 纸牌屋·筹庄，耳饰，磨砂树脂、黑玛瑙、铜镀 14K 金配件等，2018

■ 娃娃博物馆系列，耳饰，树脂配件、Vintage 扣子、珍珠、贝壳、橡皮漆
  珠、925 银、铜镀 14K 金配件等，2018
  创意来源：夜晚的博物馆，古董娃娃们开启了他们的聚会

■ 娃娃博物馆·糖果屋系列，耳饰，进口树脂、橡皮漆珠、925 银、铜镀
  14K 金配件等，2018

■ 娃娃博物馆·密友，耳饰，Vintage 扣子、贝珠、贝壳、
925 银配件等，2018

■ 娃娃博物馆·胡桃饼干，耳饰，Vintage 胡桃木扣子、图画石、
925 银配件等，2018

■ Un Fluxus 伪激浪派，耳饰，极光电镀天然水晶、铜镀 14K 金配件等，
2018
　创意来源：反规律或许是遵循另一种规律

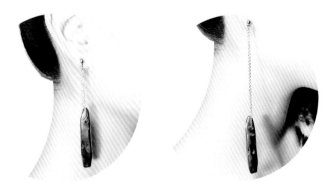

■ Lollipop 棒棒糖，耳饰，Vintage 树脂、幻彩松石、铜镀 18K 金配件等，2018
创意来源：生活需要甜蜜且单纯的开心

■ 翠色来系列，颈链＆耳饰，手工高温陶瓷、925 银镀金配件等，2018
创意来源：午后花园，为自己泡一壶青果茶

4.2.2　从容雅致

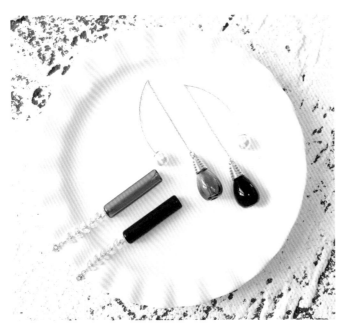

■ Aroma 暗香系列，耳饰，手工琉璃、锆石、铜镀 18K 金配件等，2018
　创意来源：将自己喜欢的味道注入首饰，留香于耳畔，优雅
　从容，舒缓解压

■ Aroma 暗香·森林泪滴，耳饰，手工琉璃、珍
　珠、铜镀 18K 金配件等，2018

■ Aroma 暗香·金棕榈系列，耳饰，手工琉璃、锆石、铜镀
18K 金配件等，2018

■ 天使泪系列，耳饰，珍珠、贝珠、晶彩石、猫眼石、925 银、
铜镀 18K 金配件等，2018 创意来源：每一颗珍珠都如同天
使的泪滴一般珍贵，守护着你的梦不被打扰

■ 天使泪·黑白宇宙，耳饰，贝珠、锆石、925 银配件，2018

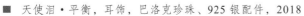

■ 天使泪·平衡，耳饰，巴洛克珍珠、925 银配件，2018

■ 天使泪·油彩宇宙，耳饰，晶彩石、925 银配件，2018

■ 天使泪·猫眼宇宙，耳饰，猫眼石、晶彩石、925 银配件，2018

■ **Black Humor** 系列，耳饰，天然玛瑙、925 银镀金配件，
2018
创意来源：点、线、面，点缀简约生活

■ **Black Humor**·木星河，耳饰，天然玛瑙、锆石、925 银镀
金配件，2018

■ Black Humor·睿智，耳饰，Vintage 象棋吊坠、天然玛瑙、铜镀 18K 金配件等，2018

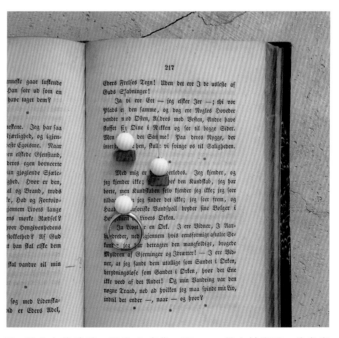

■ 雪山方糖系列，耳饰 & 戒指，Vintage 描金树脂石、纳米陶瓷、925 银镀金配件，2018
创意来源：巧克力金箔配上入口即化的糖球，迷人的味道不过如此

■ 极光茶系列，吊坠 & 耳饰，极光贝珠、925 银镀金配件，2018
创意来源：饮一杯闪烁着幻彩梦境的茶，忘记所有忧愁烦恼

■ Lanchao，耳饰，金箔树脂、琥珀树脂、极光贝珠、925 银
镀金配件，2018
创意来源：C 字形的人生，如同乘坐大荡船，充满乘风破浪
的激情

■ 樱花日和系列，耳饰，Vintage 手绘描金珠、描金树脂珠、
925 银镀金配件等，2018
创意来源：轻盈如春风，吹落樱花瓣；落在耳边带来一丝温柔

■ 樱花日和·灯笼果，耳饰，Vintage 描金树脂珠、925 银镀
金配件，2018

4.2.3　饰与叙事

■ 玉贵人，耳饰，民国时期古董玉件、925 银镀金配件，2018
　　创意来源：无华的耕耘是最大的财富

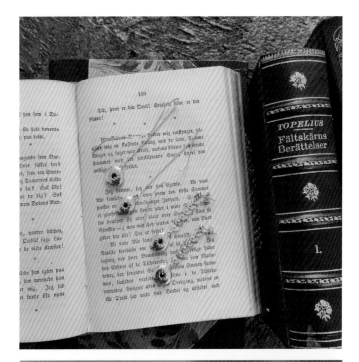

■ 尘封的记忆，耳饰，Vintage
黄铜相片盒、锆石、铜镀
18K 金配件，2018
创意来源：把秘密藏在耳
间，如清泉沁入心田

■ 音乐家系列，胸针，树脂、木头、综合材料、铜镀 18K 金配件，2018
创意来源：送给亲爱的父亲：静寂的夜晚，独奏一曲《梁祝》，清风徐来，莲花盛开

■ 音乐家·夜曲，胸针，树脂、木头、综合材料、铜镀 18K 金配件，2018

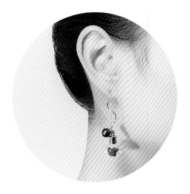

■ 珍珠下午茶系列，耳饰，手工玻璃、珍珠沙球、孔雀石、玛瑙、
贝珠、925 银镀金配件等，2018
创意来源：生活中不可缺少的，是珍珠奶茶甜中带苦的味道

■ 梦幻君，耳饰，象牙果、贝珠、铜镀 18K 金配件等，2018
创意来源：夏季的山中，天然的菌肆意生长，带着一个个梦
幻的故事，等待采摘它的人到来

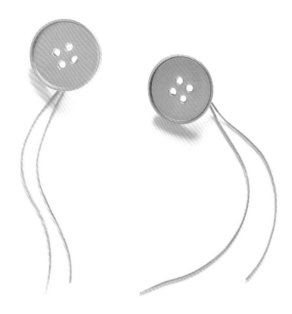

■ 第二颗纽扣系列，耳饰，合金镀金、铜镀 18K 金配件等，2018
创意来源：衬衣第二颗纽扣的位置，最贴近心脏，赠予最牵挂的人，愿
爱意永相随

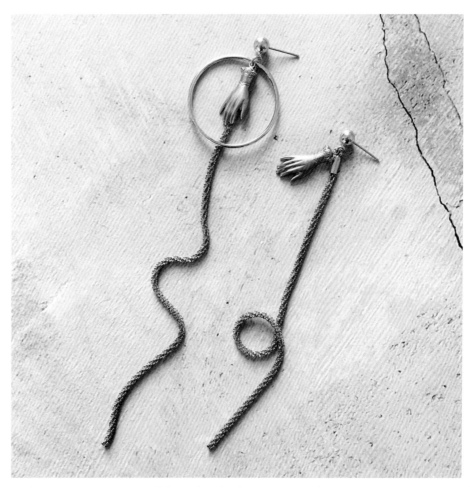

■ 创世纪，耳饰，Vintage 黄铜錾刻小手、铜镀 18K 金配件，2018
创意来源：触碰之手，传递灵魂，开启世纪之门

第 5 章

Vintage 饰物的收藏指南

5.1 Vintage 饰物的购买渠道及清洁修复

5.1.1 Vintage 饰物的购买渠道

"Vintage"的概念在西方较为流行，欧美地区许多国家城市会经常举办"跳蚤市集"，也有许多专门销售、置换 Vintage 饰物的二手商店。近年来国内 Vintage 风愈演愈烈，在一线城市如北京、上海，越来越多的 Vintage 商店出现，消费者可根据自己的喜好进行选购、置换和寄卖。同时，由于网购的日益发达，网店更是淘货的好渠道，足不出户便可搜罗到世界各地的 Vintage 饰物。Vintage 首饰根据材质通常分为 Fine jewelry 和 Costume jewelry，Fine jewelry 一般由贵金属制成，镶嵌钻石、祖母绿、红蓝宝石等名贵宝石；Costume jewelry 往往由非贵金属制成，镶嵌各种人造宝石和综合材料。如果想收藏古董类或价值较高的 Vintage Fine jewelry，建议大家从正规拍卖会和知名珠宝藏家手中购买，尽量确保饰物的来源渠道正规、年代属实，并具备一定的收藏价值。

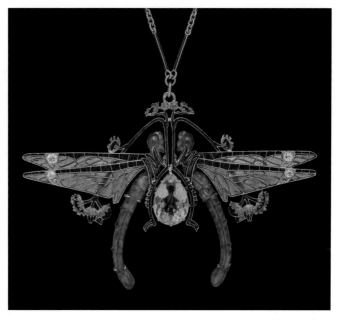

■ 雷诺·拉里克（René Lalique，1860—1945），Art Nouveau 风格金质项链，珐琅、玻璃水晶、蓝宝石等

■ 雷诺·拉里克（René Lalique），Art Nouveau 风格金质蜻蜓人项链，珐琅、蓝宝石等

5.1.2　Vintage 饰物的清洁与修复

　　清洁与修复对于 Vintage 饰物非常重要，正规的古董商店都会比较注重售前的清洁、修复工作。如果经常收集 Vintage 饰物，可以购置一台超声波清洗机。需要注意的是，有很多镶嵌天然宝石的饰物不能够放入超声波清洗机中清洗，或者要更换相应的清洗剂。

　　时间给 Vintage 饰物表面带来的磨损和残缺，无法彻底修复。从另一个角度而言，这便是 Vintage 饰物的独特魅力——时间沉淀和积累带来的质感是新制饰品无法拥有的。

■ 首饰超声波清洗机

5.2 值得收藏的 Vintage 首饰品牌

Vintage 首饰收藏入门阶段，可以从性价比较高的 Costume jewelry 开始。较为知名的时尚首饰品牌有 AVON、Monet、Trifari 等，这些品牌生产的饰物质量有一定的保障。Vintage 风在中国的热度越来越高，导致不少饰物价格有虚高的嫌疑，购买的时候需要留心价格，"货比三家"后再选出合适的宝贝。当有一定经验之后，便可以寻找无牌的，独一无二且性价比高的 Vintage 饰物。这类饰物是大多数收藏者的最佳选择。

以下为部分知名度较高的 Vintage 首饰品牌。

5.2.1 Avon

Avon 于 1886 年在美国创立，公司原名 California Perfume Company，后更名为 Avon Products，Inc.，在 20 世纪六七十年代开始推出珠宝首饰类产品。该品牌的首饰造型设计多样，材质常用人造珠宝，价格适中，属于入门级品牌，是 Vintage 爱好者不错的选择。20 世纪 90 年代，Avon 与好莱坞著名影星伊丽莎白·泰勒（Elizabeth Rosemond Taylor）合作的系列珠宝非常具有代表性。

■　Avon，Elizabeth Rosemond Taylor 广告

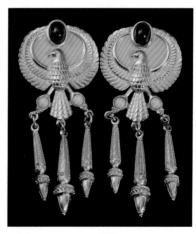

■　Avon，象神耳饰　　　　　　■　Avon，埃及风格耳饰

5.2.2 Jonette Jewelry

Jonette Jewelry 于 1935 年在美国罗德岛州成立，后以简写"JJ"作为品牌名称。JJ 出品的首饰风格古灵精怪，充满童话色彩，各种可爱的小动物造型都是其品牌常见款式。

■ Jonette Jewelry，名犬胸针

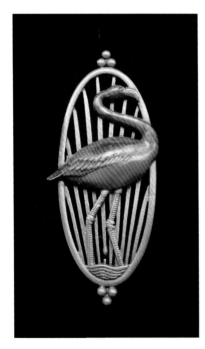

■ Jonette Jewelry，火烈鸟胸针　　■ Jonette Jewelry，猫咪胸针

5.2.3 Kenneth Jay Lane

Kenneth Jay Lane 成立于 1961 年，简称 KJL，1963 年推出了首个人造珠宝系列产品。该珠宝品牌拥有较多的名人顾客，如美国前第一夫人杰奎琳·肯尼迪（Jacqueline Lee Bouvier Kennedy Onassis）、奥黛丽·赫本（Audrey Hepburn）、伊丽莎白·泰勒（Elizabeth Rosemond Taylor），英国前王妃戴安娜（Diana Spencer）等。KJL 的珠宝风格优雅、大方、闪亮，独特的材料组合是其特色，必要时会用到施华洛世奇（SWAROVSKI）水晶，而它的染色宝石与仿制珍珠则拥有傲人的色彩饱和度和亮度，视觉上不亚于高档珠宝。该品牌 20 世纪 70 年代晚期之前的作品署名为 KJL，是最值得收藏的一批作品。之后的作品署名 Kenneth Jay Lane 或 Kenneth Lane。

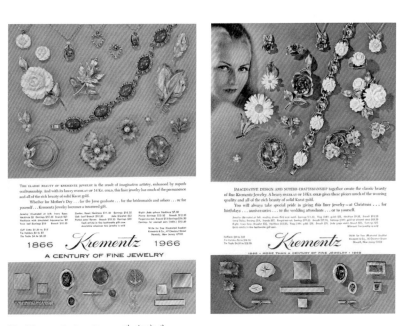

■ Kenneth Jay Lane 珠宝广告

5.2.4 Monet

　　Monet 创立于 1929 年，Monet 珠宝是 20 世纪 40 年代著
名的时尚珠宝商之一。Monet 珠宝常运用金、银等材料，搭配
奥地利水晶，设计风格简约古典。Monet 耳饰常为耳夹款，适
合无耳洞的人群佩戴。值得称赞的是 Monet 饰品的金色采用高
质量抛光镀色工艺制作，保色度非常高。

■ Monet 珠宝广告

■ Monet 珠宝广告

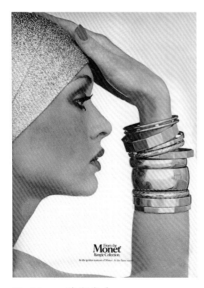

■ Monet 珠宝广告

■ Monet 珠宝广告

5.2.5　Napier

Napier 创立于 1875 年，至 1999 年停业。Napier 早期作品款式以埃及风格为主，具有较高的收藏价值。后期该品牌整体风格简洁大方，适合日常佩戴。

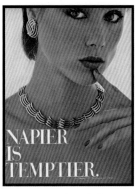 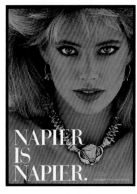

■ Napier 珠宝广告　　　■ Napier 珠宝广告

5.2.6　Sarah Coventry

1949 年至 1984 年间，Sarah Coventry 通过家庭派对销售时尚珠宝，但它并不设计和制造，而是购买珠宝设计图，交由其他工厂制作。该品牌的珠宝价格平实，但款式新颖，制作精美。细致华丽的风格使其在时尚珠宝界占据一席之地。

■ Sarah Coventry 珠宝广告

5.2.7　Trifari

Trifari 是美国时尚珠宝品牌，产品的风格、档次、价位多样，做工精细，品位高雅，设计思路充满想象力。如 20 世纪 30 年代 Trifari 推出了分体式胸针，两枚胸针既可分开使用，又可由一根小杆连接，整体佩戴，得到了珠宝界和消费者的双重认可。第二次世界大战末期由于禁止销售白色金属，Trifari 将饰物镀上奢华的镀金饰面，深得大众喜爱。该品牌在材料上的运用也非常广泛，路塞特（Lucite）树脂、模铸玻璃、仿月光石、人造宝石、人造珍珠等高品质的综合材料均被运用到作品中。该公司命名、使用的 Trifanium 合金是一种不易褪色的金色饰面合金，保色度极高。

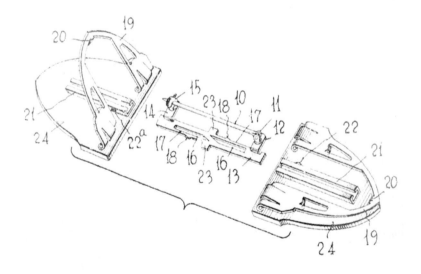

■ 分体式胸针图解

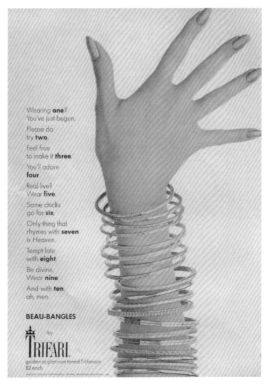

■ Trifari 珠宝广告

5.3　Vintage 饰物的佩戴养护

　　1. 尽量避免饰物接触化妆品，特别是卸妆水、香水等液体，此类用品易腐蚀饰物表面，如不慎沾上，应及时用干燥的软布擦净，如遭遇较大规模的喷洒，请尽快用流水清洗后擦干。夏日出汗较多，洗澡和游泳时不要佩戴饰物，长时间浸泡于水中会影响饰物寿命。

　　2. 佩戴饰物可时常更换，避免其镀层表面因长期接触皮肤而产生磨损。经常替换饰物佩戴，可减轻单件消磨的压力，使所有首饰在一定时间内都保持光鲜亮丽。

　　3. 许多 Vintage 饰物的表面都会有一定程度的磨损，在佩戴的时候应尽量减少磕碰。在做家务的时候，尽量不要佩戴手部饰物。如果遇到饰物严重断裂或宝石镶口歪斜等问题，可以拿至金饰加工店请师傅帮忙修整，避免饰物在佩戴过程中丢失。

　　4. 如果长期不戴饰物，需将其擦拭干净之后放入密封袋保存，避免长时间接触空气造成氧化。

■　Boucheron，金质珠宝匣，彩色珐琅，1926

参考书目

[1] [美] 简妮·贝尔（Bell C J）欧美珠宝首饰鉴赏与收藏（1840—1959）[M].杨梦雅，高嘉勇，李玉珠，译.北京：人民邮电出版社，2013.

[2] [英] 约翰·本杰明（Benjamin J）欧洲古董首饰收藏 [M].杨柳，任伟，译.北京：社会科学文献出版社，2018.

后　　记

　　"创饰技"这套书籍从酝酿到出版历时 6 年，终于在虎虎生威的壬寅年与大家见面了，再次感谢为本套书籍出版提供支持的各位师长、艺术家和手工艺人们；感谢我的至亲，世界上最好的母亲白金生女士、父亲谢周强先生，感谢你们对我无微不至的照顾与教导，我会牢记与大家的约定：开心学习，快乐生活！

　　书籍从内容文字、案例图片到后期排版、封面设计、插图绘制，期间一遍又一遍地斟酌修订，凝聚了我踏入首饰专业十多年来的知识精华，希望能将首饰文化艺术的魅力与技艺带给更多的朋友。让我们拿起小小的工具，跟随"创饰技"的步伐，创造出属于自己的专属首饰吧！

　　小小火焰力量大，
　　能把黄金来融化。
　　浇灌模具铸造型，
　　基础工作全靠它。

　　小小卡尺不离手，
　　精益求精记心头。
　　创新理念常相伴，
　　完美首饰跟你走。

小小虎钳手中拿，

串串手珠盘天下。

瑰宝之中代代传，

弘扬五千年文化。

小小秘籍手中握，

珠宝首饰小百科。

艺术创作圆君梦，

丰富精彩创饰技。

　　如果想获取更多关于珠宝首饰的知识与交流，请微信搜索"csj2022bgc"，关注公众号"创饰技白工厂"；豆瓣搜索关注"白大官人"；新浪微博搜索关注"白大官人的白工厂"，让我们在"创饰技宇宙"中相聚遨游！

谢白

壬寅年正月于沪上

授课教师扫码获取
本书教辅资源